快樂天竺鼠
完全飼育指南

姆姆媽◎著
姆姆爸◎繪圖

晨星出版

作者序

　　2021年7月，IG收到了晨星出版社編輯的邀約合作訊息，覺得倍感榮幸———但悲觀的我們又怕寫不出好的內容，因為我們都是在社群媒體上分享我拍的照片跟姆姆爸的插畫，很偶爾才會分享一些醫療經驗。最後跟姆姆爸和資深天友親家帥猴討論了一番之後，說服了姆姆爸一起嘗試挑戰看看這個新的領域！

　　寫作的這段期間其實我們家發生很多事情，經歷了六歲半絨絨妹妹的離世、蒙蒙因為咬合不正體重直直的往下掉需要長期專心照護、七歲半摸摸二哥的離世……這些重大事件一再地讓我們難以消化，常常寫一寫就因為翻找照片而回想起跟孩子們的點點滴滴，難過得無法繼續動筆，我跟姆姆爸甚至停滯了好幾個月。直到有一天覺得不能再這樣下去了！一鼓作氣在FB粉絲頁和IG上跟大家徵求病例照片，讓大家知道我們在籌備出書，這時候收到很多天友私訊，說很期待我們出版關於台灣飼養天竺鼠的專書，謝謝天友們的熱情提供及鼓勵，讓我們獲得大大的動力繼續完成這本書！

　　當編輯表示希望邀請獸醫師幫忙審閱內容時，我們很直覺地想到屁股臉家孩子們從小看到大的剛果非犬貓動物醫院，於是在帶摸摸回診的時候詢問了高醫師，沒想到高醫師馬上就答應了，真的非常感謝高醫師的幫忙！

　　這本書的完成真的有太多人的幫忙，但最謝謝的是隊友姆姆爸以及「全家都是屁股臉」的孩子們：姆姆、摸摸、絨絨、爆米花、水行霞、蒙布朗、毛豆腐，媽媽愛你們！

姆姆媽

忘記是哪一天，我在畫圖的時候，姆姆媽突然一跑一跳地過來跟我說：「我們被出版社邀請寫書喔！」當下我在驚訝之餘還記得要把繪圖筆拿穩，因為繪圖筆很貴不能掉地上呢。

　　和姆姆媽一起在出版社簡單會面後，我們答應了出版邀約。但其實說實在的，雖然開車回家一路上姆姆媽在副駕駛座開心地搖頭晃腦，我卻完全不知道我們究竟能給未來的讀者們什麼樣的內容？插畫故事嗎？我其實對自己沒那麼有自信，只是把過往的圖集結成冊就要市場買單肯定也會失敗的吧？而我們也不是獸醫師，天竺鼠專業的醫療知識在市面上也已經有專業的書籍了，究竟我們能提供什麼給已經飼養天竺鼠，以及準備要飼養天竺鼠的準天友呢？

　　「或許，我們可以把我們的經驗記錄下來，也收錄一些其他天友的經驗讓大家參考！」

　　因為姆姆媽的這句話，這本書誕生了。

　　這本書除了收錄「我們全家都是屁股臉」的日常小故事、心路歷程和插畫以外，最重要的是希望這本書能提供我們和廣大天友們遭遇過、面臨過的疾病、飼養經驗，就像一本工具書一樣，或許給不了專業且深入的醫療病理知識，但能夠在徬徨無助不知道該如何是好時，提供飼主一個面臨問題時的處置方式或方向，讓飼主或是未來的飼主們飼養天竺鼠時能夠更輕易上手。

姆姆爸

目次

我們是

「全家都是屁股臉」！

PuiPui

為什麼叫做「全家都是屁股臉」？

會養天竺鼠最開始的契機是因為看到了和愛兔協會合作的店家有天竺鼠寄宿，當時看到了一隻深棕色的泰迪天竺鼠，圓圓澎澎、毛絨絨的非常可愛，於是回家就上網查詢關於飼養天竺鼠的資料。

男友退伍後的某天，我們逛街時，看到了寵物店櫥窗中的天竺鼠，經過一連串的巧合而帶走了一隻金色捲毛的小天竺鼠，這隻金色捲毛的小天竺鼠就是我們家的姆姆大哥，我也開始自稱我是姆姆媽、男友是姆姆爸，2014年8月16日帶回姆姆後，生活重心就完全放在姆姆身上，隔天就把我的Instagram帳號改名為cavymumu，然後開始在網路上分享跟天竺鼠一起生活的大小事。

全家都是屁股臉
Instagram

姆姆爸

全家都是屁股臉的一家之主，七隻屁鼠們的爸爸，有著溫柔細膩但堅強的內心，常常有各種白爛的想法，在癌症化療時期開始動筆創作插畫，一開始畫插畫時，因為化療沒有頭髮，怕未來頭髮長不回來，決定將形象停留一開始畫的光頭，絕對不是懶得畫頭髮哦！不管是插畫還是羊毛氈都是姆姆爸一手創造出來的喔！

將Instagram帳號改名為「全家都是屁股臉」是在一年後，當時我們發生了很大的變故，姆姆爸被檢查出罹患了無法切除的淋巴癌，在接受必須與癌症共存的現實後，姆姆爸開始了艱難的化療歷程，每次化療的療程是一個月，當中有三個禮拜都在住院，出院後也要好好在家休養，那時姆姆爸只能從我在病房陪他時，從我跟他分享的日常來知道天竺鼠孩子們的大小事，有次他覺得我分享的事情非常有趣、

又很有畫面，就動手畫成了可愛的插畫！因為希望能轉移姆姆爸化療期間產生的負面情緒，我們決定開始創作並把這些可愛的插畫分享到網路上，於是姆姆爸在住院期間開始用那插滿點滴的手，頂著藥物影響造成的手抖，用小畫家畫圖，當初會用這個名字是因為剛好看到一張臉像屁股形狀的兔子梗圖，加上我們家天竺鼠的臉頰肉都很豐滿，姆姆爸也覺得我的臉頰肉也很豐滿（感覺有點怪怪的？），於是不到十分鐘就決定把社群取名叫「全家都是屁股臉」。

▲姆姆大哥豐滿的臉頰肉很像屁股形狀

姆姆媽

　　全家都是屁股臉的女主人，七隻屁鼠們的媽媽，很容易母愛大爆發，常常想到處收編孩子，總是以屁鼠們為主，手上有六豬小屁鼠的刺青，姆姆爸曾經吃醋，說姆姆媽是個養了天竺鼠就變心的女人，主要負責「全家都是屁股臉」社群的拍照和文字。

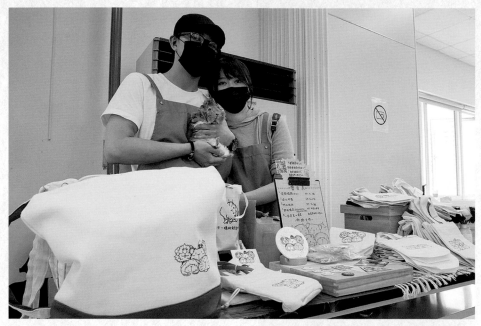

▲愛兔協會每年都會舉辦「認養人回娘
家」的活動,很開心因為認養了霞霞有
機會受邀在活動上擺攤。照片中正是我
們人生的第一次擺攤。

▲姆姆媽的刺青與妹妹

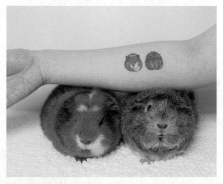

▲霞霞蒙蒙刺青

▲姆姆媽的六豬刺青

「全家都是屁股臉」名字的由來

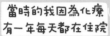

當時的我因為化療
有一年每天都在住院

姆姆媽辛苦的要上班
還要一個人顧
4隻小朋友

全家都是屁股臉

關於這個名字的
由來是這樣的

但姆姆媽還是
會來醫院看我

分享小朋友的照片
還有日常狀況

而我也沒什麼事情可以做
就把聽到的內容當插畫畫出來

嗯...

你有沒有考慮過...

畫我們家小朋友
的插畫把作品
放到網路上?

...用那破爛的
作畫功力?妳認真?

那個...

我說啊...

(當時因藥物副作用造成)
(手抖的程度和這格差不多)

屁股臉家成員大集合

姆姆爸

姆姆媽

姆姆

摸摸

絨絨

爆米花

水行霞

蒙布朗

毛豆腐

姆姆 | Mumu ♂

收編日：2014/08/16

　　屁股臉家的大哥，喜歡妹子跟同伴，不管對方是男生還是女生都很熱情，對弟弟妹妹們也有很高的容忍度，看起來懶懶的，常常趴在原地發呆一整天，但其實是家裡的秩序維護者，每當弟弟妹妹吵架，就會出來管教，還會觀察姆姆爸和姆姆媽的心情，總是會在姆姆媽凌晨加班寫程式的時候，趴到靠姆姆媽最近的位置陪伴，姆姆大哥是我們家的公關兼暖男啊！另外因為姆姆親人又貼心，可說是讓我跟姆姆爸入坑飼養天竺鼠的最大原因。

▲身為大哥的姆姆，臉也很有大哥樣

▲嘴邊肉非常誘人

和姆姆相遇的故事

就這樣...我們誤打誤撞帶回姆姆了

摸摸 | Momo ♂

收編日：2014/09/19

屁股臉家的二哥，喜歡姆姆大哥跟絨絨妹妹，被妹妹爆啄還是很開心，對其他女生完全沒興趣，還常常覺得屁孩們很煩，比較害羞內向，個性慢熟，原本名字是奶油馬鈴薯，但因為不給姆姆媽摸，常常被姆姆媽追著叫：「摸摸～～讓我摸一下嘛！」原本是動詞的摸摸，漸漸被喊成了名詞，最後很乾脆的把這個「名詞」改成牠的名字。很會使用毯毯，可以用毯毯把自己包得非常緊實。擁有凍齡可愛的臉蛋，卻有著堅強的意志力，挺過病危時期的好幾次手術，是個獲得獸醫稱讚的實打實男鼠漢，更是屁股臉家七歲半的長壽代表。順帶一提摸摸有異食癖❶，千萬不能讓牠碰到塑膠袋跟拋棄式尿布。

▲擁有超上相可愛臉蛋的二哥摸摸

▲使用毯毯的高手

❶ 是指會持續去吃那些非食物的東西。

和摸摸相遇的故事 — 姆姆媽第1次先斬後奏

怎麼辦？

最早屁股臉家只有姆姆
時我們都在上班

仙到炸

無聊

沒活力

當時未滿1歲兩邊臉不一樣表情的摸摸

可愛

怒氣

就是他了!!

姆姆媽上網找到了摸摸

他每天這樣沒有活力

得幫他找個同伴才行！

姆姆～他叫摸摸
從今天起他就是你的弟弟囉！

也順利接回摸摸了

Pui?

你好呀

我叫姆姆

口渴嗎？

喜歡青椒嗎？

於是摸摸被騷擾的日子開始了

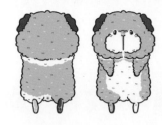

絨絨 | Fluffy ♀

收編日：2014/12/13

　　屁股臉家的大女兒，因為是第一隻女兒豬，所以我們一直都叫牠妹妹，就算牠後來早就升格成姊姊，我們還是習慣叫牠妹妹。個性是個傲嬌小公主，但其實很會為其他豬著想，在摸摸二哥生病的時候，常常舔摸摸，為牠加油打氣，撒嬌時會躺在姆姆媽肚子上睡覺，最喜歡姆姆媽❷！地雷是被不禮貌的觸摸（尤其是臉），為此曾抓爆姆姆爸的眼鏡、咬爆姆姆媽跟醫生的手指，因為點眼藥水討厭姆姆媽一個月，是被獸醫登記在案的可愛猛獸。

▲胸口的毛有假乳溝的效果

▲喜歡趴在姆姆媽的肚子上

❷ 姆姆爸對此表示不以為然。

和絨絨相遇的故事 — 姆姆媽第2次先斬後奏

是不是帶個妹妹來呢？

原來你們倆都是男生啊…

嗯…

男生錯了嗎？
我們有的你也有啊!

蛋味
濃郁

哇！　可愛！　就決定是妳了！

隔著螢幕都聞得到香味!!

未滿1歲的絨絨

於是姆姆媽又上網找到了絨絨

你看！
她是不是很可愛!?

喔～
是滿可愛的啦
…
誰家的小孩啊？

接到絨絨當天

喂!!

我們家的喔
嚐嚐~

安安

喜獲女豬？

19

爆米花 | Popcorn ♀

收編日：2015/03/09

　　屁股臉家的二女兒，因為看起來像一顆焦糖爆米花而取名為爆米花，被我們暱稱爆爆、小爆，姆姆媽在Facebook社團看到送養人PO文說在公園撿到一隻天竺鼠，火速連絡後，下班直接衝去三峽將爆爆接回家。爆爆是個屁顛屁顛的超級小吃貨，為了吃可以勇起來和絨絨打架，對食物非常敏感，身兼專業菜菜雷達，一有任何風吹草動就會大聲Pui Pui討菜菜！最喜歡姆姆大哥，常窩在姆姆旁邊撒嬌討摸摸，手快碰到就開始咕嚕咕嚕的塞奶豬，雖然有著小V臉，但體重其實一直是屁股臉家的最高紀錄保持者，曾經重達1300克，還胖到有乳溝。

2013/3/11 83公克

2018/3/9 1245公克

▲左圖剛認養到我們家的迷你爆爆；右圖體型驚人的爆爆

▲眼神總是閃亮亮的

和爆米花相遇的故事 — 姆姆媽第3次先斬後奏

這一天
姆姆媽上班時
收到有人救援
在公園被棄養的天天
正在尋求收養的消息

當時被棄養的
小爆米花
耳朵受傷

什麼時候能接她呢？

我今天下班就去接她！

姆姆媽不忍心於是聯絡對方

就是這個了！

喔!?
路上小心

我先走了…

因為太臨時只能買簡單的盒子

下班
PM 6:00

Pui…

乖…
沒事了
跟我回家吧！

幾經波折最後還是順利接到小爆米花了

水行霞 | Aquawoman ♀

收編日：2019/10/18

　　屁股臉家的三女兒，沿用待在愛兔協會時期的名子，被我們暱稱為霞霞，是個古靈精怪的小調皮鬼。會破壞沒有牠在內的創作成品（貼紙、磁鐵），雖然有著硬漢般的外表，但其實是個內心纖細脆弱的小女生，非常容易就吃醋生氣，原本會怕絨絨的管教，長大後誰都不怕。最喜歡跟姆姆爸玩親親討乳酸菌的遊戲。❸

　　其實霞霞的身世很特別，一開始被前主人誤判為男生，因為前飼主的家人會過敏而尋求愛鼠協會協助，那時候霞霞的名字是芋泥球，跟阮系嘎逼尬本丸家的丸娜是同一批孩子，也因為嘎逼麻的分享，姆姆媽對霞霞一見鍾情，之後霞霞被轉介到台灣愛兔協會，名字被重新命名為水行俠，但之後才發現霞霞是女生，就被改名為水行霞了。

　　接下來因為嘎逼麻跟天友V常常在群組分享霞霞在協會的近況，姆姆媽就默默的關注霞霞，等到一年後霞霞開放認養後，手刀投下情書，最終霞霞就加入屁股臉的大家庭。

▲霞霞在愛兔協會認養網頁的照片

▲越來越軟爛的霞霞

❸ 姆姆媽對此並不認同。

和水行霞相遇的故事 — 姆姆媽第4次先斬後奏

有一天姆姆媽睡不著看到愛兔協會的送養資訊

最後姆姆媽錄取接水行霞回家了

蒙布朗 | Mont blanc ♀

收編日：2020/03/29

　　屁股臉家最小的女兒，因為身上配色跟甜點蒙布朗一樣而取名，被我們暱稱為蒙蒙，是姆姆媽看天友PO上Facebook社團的認養文而認養得來，因為被天友親家發現蒙蒙很像淋了醬汁的日式豬排，從此被大家稱作豬排。不管是討菜菜、討零食還是被霞霞欺負，都會發出哽咽哭聲，是個小愛哭鬼還是個兄控，最喜歡摸摸二哥，體重似乎受到同一天生日的爆爆眷顧，三個月大體重就破千，體重曾經直逼爆爆，達到1250克，但因為咬合問題需要定期磨牙，體重降至正常範圍中。

　　與蒙蒙同胎中有一個親兄弟，剛好被住在同縣市的天友認養，曾經來我們家和蒙蒙相見歡。

▲有著小冠毛但不明顯

▲躺在姆姆媽身上睡覺

▲看起來總是很美味的蒙蒙

和蒙布朗相遇的故事 — 姆姆媽第N次先斬後奏

分組永遠落單的小孩

5歲以上老豬組

血氣方剛年輕豬

好像該給她找個玩伴？

那隻幼天可愛吧!?

對!!

妳聯絡對方了吧？

不意外

…

好可愛!!

還真的
剛好有人
正在送養
剛出生的幼天

然後姆姆媽又～滑手機物色

Pui…

喔…

Pui…

哈庫嘛嘛踏踏!!

屁股臉大草原新添成員啦

討厭鬼討厭鬼討厭鬼討厭鬼討厭鬼討厭鬼討厭鬼討

Pui…

當最受寵
小女兒
僅僅半年

結果反而讓水行霞心理不平衡了(苦笑)

黑豆君·便便君
Mr.Poopoo

究竟是叫黑豆君還是便便君，到現在我們也分不清楚了，總之是屁股臉家的甘草角色，跟真的天竺鼠便便一樣，會在各種奇妙的時刻，出沒在家裡的各個角落，可說是屁股臉家彩蛋般的存在，看看你的腳下，搞不好就有黑豆君的存在。

2

什麼？

天竺鼠叫幾內亞豬

卻不來自幾內亞！？

天竺鼠身世起底大解密！

　　天竺鼠的稱謂很多，並且看起來都是用地名來命名，例如中文名稱的天竺鼠、荷蘭豬，但牠們並非來自天竺（印度的古稱），也不是荷蘭，甚至因為英文名字是guinea pig所以被稱作「幾內亞豬」，但牠們其實不是來自西非國家幾內亞。英文名稱中的「幾內亞」可能起源自於水手從南美洲帶來這些天竺鼠並以幾內亞（一種古老的英國硬幣）為交易媒介出售的關係，也因為天竺鼠很小隻，加上被水手帶來帶去進行海上貿易，所以顛沛流離的天竺鼠們在德文Meerschweinchen字面的意思是「小海豬」，天竺鼠因各種原因有了許多因被誤會起源而來的名稱。

　　據信天竺鼠的起源是南美洲，印加人在3000多年前馴養了天竺鼠，西班牙探險家將天竺鼠從南美洲的安第斯山脈帶回歐洲，在那裡天竺鼠被當作寵物飼養，甚至在英國伊莉莎白女王時代（1580年左右）由一位不知名的英荷藝術家繪製的一幅三個小孩的畫作，其中一名小孩就抱著天竺鼠，這應該是英國最早的天竺鼠肖像，也可以證明在當時天竺鼠已被當成寵物飼養。

　　目前天竺鼠已被人類被馴化，野外已經沒有野生的天竺鼠，但和天竺鼠同為Cavia屬的其他成員，仍然存在南美大陸的荒野中喔！

圖片來源：
https://commons.wikimedia.org/wiki/File:Three_Unknown_Elizabethan_Children.jpg
典藏地點：英國國家肖像畫廊（National Portrait Gallery）

到底是鼠？是豬？還是兔子？

　　天竺鼠在動物學的分類是哺乳綱齧齒目豚鼠科豚鼠屬，因為英文名字是「幾內亞豬」（Guinea Pig），所以常常會有人會誤以為天竺鼠是豬，雖然飼養天竺鼠的天友們也會暱稱天竺鼠是天豬、天豬鼠、小豬，外國的天友也會暱稱是Piggy，但其實天竺鼠跟親戚水豚一樣是豚鼠科的動物喔！

快速認識天竺鼠

耳朵
聽力非常好，可以接收到33,000赫茲的聲音頻率。

眼睛
視野廣達340度，不用轉頭就可以看到後面及兩旁的事物。

厚唇
會發出可愛的Pui~Pui~叫聲，會與同伴及人類互動，不同的情緒會有不同的聲音。

牙齒
正面可以看到上下兩顆門牙，再來是無牙區，後面才是上下各8顆的臼齒。天竺鼠的牙齒會不斷生長，需要嚼食牧草來磨牙維持長度。

鼻子
嗅覺靈敏度是人類的100倍，會以氣味來認人與同伴。

屁股
天竺鼠的屁股圓圓的沒有尾巴，有一個凹洞是皮脂腺。

四肢
無法攀爬也做不出拿取的動作，前腳有4根腳趾頭，後腳有3根腳趾。腳很脆弱需要踩在軟墊或布上。

乳頭
不論公母都至少會有一對乳頭，有些天竺鼠甚至會有3～4個乳頭。

大便
健康的天竺鼠每天會便便多次，呈現圓潤濕亮的黑豆或是雷根糖的形狀。

平均年齡		5～8年
成年天竺鼠平均身長		22～33公分
成年天竺鼠平均體重	公	900～1200公克
	母	700～900公克
幼年天竺鼠斷奶期		大約21～28天左右
性成熟期	公	出生約60天後
	母	出生約30天後
發情期	公	隨時都可以發情
	母	大概15～17天發情一次
懷孕期		59～73天，平均每胎生1～4隻
主食		牧草與煮沸放涼的開水，需要隨時且無限量供應

- **自身無法合成維生素C**：缺乏維生素C的天竺鼠會造成嚴重的疾病甚至死亡，須由食物（飼料、蔬果、鮮草、保健食品）額外補充。

- **天竺鼠性別區分**：幼年時期的天竺鼠性特徵還不明顯，從外觀不太好區分，可以輕觸肛門上方的皮膚，如果是公的會有一根陰莖骨，母的則不會有，最保險的方法是帶去獸醫院檢查確認性別。

  - **母天竺鼠特徵**

天友：@guigui515151提供幼年母天毛球的照片

▲屁股臉家剛認養大約一個月大的爆爆

▲屁股臉家兩歲多的蒙蒙

  - **公天竺鼠特徵**

天友：@guigui515151提供幼年公天蛋花的照片

天友：@錢錢奴才提供錢錢成年公天未結紮的照片

▲摸摸二哥結紮已久，看不到蛋蛋的痕跡

在一個天氣晴朗的日子
兔兔和天竺鼠一起玩耍很開心.

▲兔兔、天竺鼠、倉鼠比例對照

天竺鼠後來感覺到不舒服

然後他就死掉了

Bordetella

因為兔兔有帶原一種桿菌
會造成天竺鼠嚴重呼吸道問題

因為天竺鼠的飲食跟兔兔有點像，都是以牧草為主食，甚至有一些觀光農場、寵物店會把兔兔跟天竺鼠放在一起飼養，讓人誤以為天竺鼠是短耳兔，但其實是完全不同的物種喔！

另外，將兔兔與天竺鼠養在一起其實是非常危險，兔兔的後腳非常有力，踢一下可能就會造成天竺鼠受傷骨折，更要注意有些兔兔身上帶有一種叫「博德特氏菌」（*Bordetella bronchiseptica*）的細菌，兔兔本身不會受到這種細菌影響，但天竺鼠感染會產生嚴重的呼吸道症狀，甚至有可能會致死，所以要盡量避免天竺鼠與兔兔同住喔！

天竺鼠真的會 PuiPui 叫嗎？

　　近期的超人氣動畫天竺鼠車車讓大眾更了解天竺鼠，很多人看到天竺鼠都會好奇，天竺鼠真的會 Pui Pui 叫嗎？答案是沒錯！動畫裡面的聲音都是由導演姊姊養的天竺鼠「馬鈴薯」，來進行真實配音。除了 Pui Pui 叫，天竺鼠平常都會用聲音來跟同伴溝通、表達自己的情緒，所以牠們發出的聲音很多變，除了聲音超可愛之外，也可以藉由牠們發出的聲音來瞭解天竺鼠的心情，以下列出常見的幾種：

▪ 咕咿咕咿（WHEEKING）：

Pui Pui、Gui Gui、5151、噗咿噗咿，都是在指這個叫聲！通常都是

期待或興奮時會發出的聲音，例如主人洗菜菜時、開冰箱拿菜菜時，甚至想要吃菜菜時，也會大聲的咕咿咕咿告訴主人！除了要菜菜的時候，天竺鼠在找同伴時也會發出咕咿咕咿聲，在只有養姆姆一豬的時候，只要聞到或聽到有其他天竺鼠就會大叫咕咿咕咿；也有很多天友分享，只要播放有天竺鼠叫聲的影片，自己家的天竺鼠也同樣會發出咕咿咕咿叫聲。

▪ 咕嚕咕嚕（PURRING）：

有兩種情況會發出咕嚕咕嚕的叫聲，第一種是舒適、快樂時發出的咕嚕咕嚕聲音，通常是被摸或是獲得菜菜時發出的愉悅聲音。第二種是因為遇到害怕的事情發出的警戒聲，通常會比舒服的咕嚕聲更急促一些，可以搭配觀察動作分辨是哪

種咕嚕咕嚕，眼睛睜大、站直定格，東張西望都是警戒時的反應。

▪ 咕咕咕（RUMBLE）：

求偶、宣示地盤都會發出這個咕咕咕的聲音，求偶時通常會搭配震動的身體發出低沉的咕咕咕聲邊繞著異性，不論公母發情時都會有這樣的聲音。

▪ 嘰一聲（尖叫聲）：

遇到危險及疼痛的時候的尖叫聲，常常在剪指甲時跟獸醫院聽到這個聲音。

▪ 哼哼聲（低哀聲）：

當被欺負或打架打輸求饒的聲音，在我們家最常看到霞霞故意去靠近蒙蒙，蒙蒙會發出這種可憐的哭哭聲。

▪ 嗚嗚聲（碎念聲）：

不管是被其他豬或主人打擾到時，都會發出一種像是碎碎念的嗚嗚聲。

▪ 喀喀喀聲（敲牙聲）：

通常是不開心或吵架前用上下牙齒敲擊發出的喀喀喀聲，如果是兩隻天竺鼠頭抬高高面對面時發出這個聲音，那就要小心了！代表牠們情緒高漲，隨時有可能會引發天竺鼠戰爭（打架）！

▪ 啾啾聲（鳥叫聲）：

像是鳥叫般的啾啾聲，發生的原因目前眾說紛紜，大部分的說法是受到驚嚇或是壓力所導致發出這個聲音。

▪ 磨牙聲：

代表著很期待吃到菜菜，例如在準備飼料的時候會聽到牠們發出磨牙聲，通常還會看到閃閃發亮的小眼神投射在你身上。

原來牠們都是天竺鼠！

根據英國天竺鼠協會（BRITISH CAVY COUNCIL）的網站介紹，天竺鼠有多達數十種以上的品種和花色，但台灣沒有專門鑑定天竺鼠的協會，以下介紹是我們台灣比較常見的品種特徵，照片除了有我們屁股臉家的小朋友，還有台灣天友提供自己家小朋友的照片喔！

短毛品種

▪ **短毛：**
短而直順光滑的毛髮，也被稱為英國短毛、美國短毛，是最古老的品種，也是一般大眾印象中的天竺鼠模樣，屁股臉家的摸摸二哥就是這個品種喔！

▲屁股臉家的摸摸二哥

天友：@3fatdiary_guineapig
提供的寶寶照片

天友：@guigui515151
提供的丹丹照片

▪ **冠毛：**

跟短毛一樣的直順光滑毛質，但最大的區別是頭上有一個漩渦狀的凹陷，這就是毛漩形成的冠毛，常常被大眾誤以為是脫毛、掉毛、禿頭，其實人家是冠毛啦！

天友：天天好萌@cavy221b 提供的華生照片

天友：@guigui515151提供的毛球照片

▪ **阿比西尼亞：**

也是直順光滑的毛髮，但身上佈滿了毛漩，通常會有8～10個漩，因為毛漩關係所以毛髮看起來亂亂的，也被大家暱稱是炸毛、逆毛、阿比品種，屁股臉家的爆爆跟霞霞就是屬於阿比西尼亞品種。

◀屁股臉家的
爆米花（爆爆）

天友：@ayaoguineapig家的啵啾

▲屁股臉家的水行霞（霞霞）

▪ **泰迪：**

短短粗粗濃密的毛質，毛像是被燙了玉米鬚一樣，小時候的毛髮看起來會捲捲的，跟泰迪熊一樣；長大後比較像棕刷的蓬鬆感，另外還有分成硬毛跟軟毛的毛質，像屁股臉家的姆姆跟絨絨相比之下，觸感明顯就更粗硬一些。

▲屁股臉家的姆姆大哥

▲屁股臉家的絨絨妹妹

天友：@ayaoguineapig 提供的小毛寶照片

▪ **謝特蘭：**

長而直順光滑的毛髮，可以長到10～15公分的長度，由上往下看，就像是一頂會移動的假髮。

天友：天天好萌@cavy221b 提供的夏洛克照片

天友：@ayaoguineapig
提供的小仙貝照片

▪ **冠毛謝特蘭：**

跟謝特蘭一樣是長毛品種，但是頭上多了一個漩，跟身體的長毛相比，頭的毛髮比較短而且形成一個頭冠的樣子。

天友：@12wolf_love 提供的大雄、A夢照片
（棕色為大雄、白色為A夢）

▪ **秘魯：**

跟阿比西尼亞一樣有很多個漩，但是毛髮長可以到拖地，也是長毛品種！通常會有兩個漩，一個在頭上一個在屁屁，呈現一種長髮飄逸的感覺。有些天友會暱稱祕魯是長毛阿比。

天友：@ayaoguineapig 提供的小毛弟照片

▪ 德克塞爾：

長捲毛品種，但毛質呈現捲捲狀，身上沒有漩，摸起來的觸感
就像泰迪熊，屁股臉家的練習生就有德克賽爾的特徵。

▲屁股臉家的練習生

天友：@wooju_hamster
提供Miki、Sana的照片

▪ 美麗諾：

也是長捲毛品種，但是頭上有一個毛漩
形成的冠毛，跟德克賽爾比起來，差別
是在頭上有沒有冠毛（漩），摸起來跟
泰迪熊的毛毛一樣粗粗的。

天友：@ayaoguineapig 提供的小毛妞照片

▪ 歐巴卡：

身上有漩的長捲毛品種，跟秘魯一樣，頭上和屁股都有漩，但差別在於歐巴卡是長捲毛，觸感類似泰迪熊粗粗的毛。

天友：@ayaoguineapig 提供的小毛獺照片

台灣少見的特殊品種

▪ 加州：

在鼻子、耳朵、腳掌有黑色或咖啡色的重點色。

▪喜馬拉雅：

喜馬拉雅長得跟加州很像，不一樣的地方在於有著紅眼睛，而且重點色會在天氣冷的時候比較明顯，天氣熱或受到驚嚇會改變毛髮的色素，使重點色褪去。

▲左邊是加州，右邊是喜馬拉雅

▪無毛：

全身幾乎沒有毛髮，只有嘴巴、鼻子、腳的地方有稀疏的毛髮，被暱稱是小河馬的無毛天竺鼠。

以上特殊品種天竺鼠為
大明鼠鼠 提供照片

混血的孩子們

　　除了上述的品種之外，有一些混血的孩子身上還會有部分品種的特徵，不管是品種豬還是混血豬，都是各有特色的可愛天竺鼠喔！

▪ **冠毛泰迪：**

▲屁股臉家的蒙布朗（蒙蒙豬排）

▪ **阿比西尼亞混直毛：**

天友：@hulamiapig 提供的Mia蜜亞照片

3

天竺鼠是以牧草為主食！

還可以吃什麼？

怎麼幫天竺鼠挑選食物？成天幼天不一樣哦！

牧草篇

提摩西：

天竺鼠是以牧草為主食，並且需要無限量的供應，除了營養供給，牧草還有磨牙的功能。在眾多種類的牧草中，「提摩西」牧草是最適合成年天竺鼠攝取的主食草，因為提摩西草是一種營養價值最平衡的牧草，纖維粗細適合消化吸收而且鈣質和蛋白質的含量適中。市面上常見的提摩西分為一、二、三割（切），有什麼差別呢？

| 一割（切） | 二割（切） | 三割（切） |

▲第一次收割的提摩西牧草，高纖維低蛋白，梗較多且較粗，葉子較少但葉片較大，花穗多

▲第二次收割的提摩西牧草，與一割相比，低纖維高蛋白，梗較細，葉子較多，偶有爾才有花穗

▲第三次收割的提摩西牧草，與二割相比纖維更低蛋白更高，梗的質地細軟，幾乎都是葉子，但枯葉較多，通常沒有花穗

　　當然，因為產地、氣候等外在因素，即使都是一割的牧草，每一家的草況也不會一樣。除了常見的提摩西草，以下的牧草也可以視情況酌量給予喔！

果園草：

跟提摩西的營養價值差不多，也是適合當主食草的一種牧草，因為味道較清甜，可以搭配提摩西當主食草，讓天竺鼠換換口味。

上圖：美國苜蓿草梗粗葉碎
下圖：國產苜蓿草葉多梗細

苜蓿草：

鈣質與蛋白質營養的含量較高但纖維含量較低，適合幼年、生病中、懷孕中的天竺鼠。需要和**主食草搭配，即使是幼天也不能只單吃苜蓿草喔！**成年天竺鼠不適合食用太多苜蓿草，因為苜蓿草營養價值雖然高，但攝取過多容易造成肥胖及鈣尿，嚴重一點可能會導致泌尿系統結石或尿砂堆積等狀況。

百慕達草：

葉片及梗都是細小柔軟，高纖維低蛋白，被戲稱是減肥草，但跟人類的健康食品一樣適口性不佳，當成窩的鋪墊材料還不錯（？）。

燕麥草：

屬於穀桿類，熟成過後的燕麥草顏色金黃且有奶油香味，適口性佳。

小麥草：

跟燕麥草一樣屬於穀桿類牧草，有甜香味，適口性佳。

　　以上兩類的牧草因為都可能有含籽的麥穗，造成攝取過多澱粉而帶來肥胖及脹氣，但單就麥草草桿的營養價值來說，蛋白及鈣質含量都不高且纖維含量高，並不會造成肥胖及脹氣。如果不確定購買的麥草中是否還含有麥穗，保險起見還是不要放過量喔！

顆粒牧草：

主要是設計給不愛吃草及挑食的兔兔食用，讓不吃草的兔兔習慣開始吃牧草，為了增加適口性，除了提摩西，還有添加其他種植物。通常一般會吃草的天竺鼠可以將顆粒牧草當作獎勵小零食，主要還是以提摩西這種主食草為主。

姆姆媽選擇牧草心得

　　牧草這種東西的外在影響因素實在太多，跟投資很像，購買牧草一定有風險，選購牧草有賺有賠（？），所以我都會趁免運費活動的時候先購買少量，或是補貨飼料、保健食品的時候先購買試吃包，看屁鼠們會不會吃、捧不捧場；確認是非常喜歡的牧草再大量購買囤放，因為草況好的牧草通常都會賣得很快，當然環境要保持乾燥及包裝完整性才適合囤放喔！

　　另外天竺鼠雖然是齧齒目動物，但是就我這幾年的飼養觀察下來，覺得天竺鼠的顳顎關節其實並不強壯，關節的凹槽很淺，吃到太硬的東西很容易出問題，所以我平常是會餵二割、三割的提摩西為主，一割因為太硬且梗太多而且屁鼠們都不吃，所以我們家放歸放，但不會強迫牠們只吃一割的牧草。

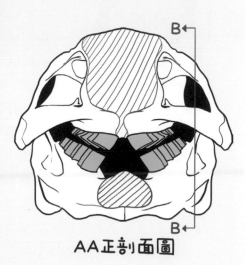

AA正剖面圖

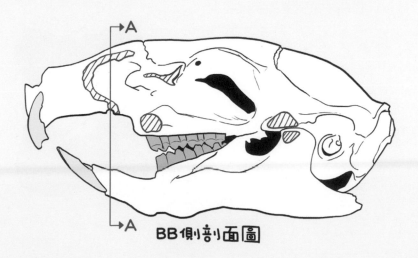

BB側剖面圖

磨牙小迷思

天竺鼠的牙齒除了平日可以看到的四顆門牙，後面還有十六顆臼齒，因為齒根終其一生會不斷的生長，所以透過食用牧草來磨牙是非常重要的。有些飼主會以為梗越硬越能夠磨牙，所以只放梗較多的一割提摩西、草磚，但其實天竺鼠是因為吃草時能左右咀嚼而達到上下牙齒磨牙的效果，也就是說只要有用牙齒磨碎食物就會磨牙；纖維多的牧草可以讓天竺鼠咀嚼磨到全口的牙齒，纖維多也有益腸道健康，所以牧草是讓天竺鼠當成磨牙介質的最佳選擇。建議除了一割之外，也可以多放幾種牧草均衡攝取，才不會原本是想讓牠們磨牙，卻因為梗太多太硬不好吃之類的問題而不去吃牧草，造成本末倒置的狀況喔！

飼料篇

　　除了以牧草作為主食之外，每日適當的餵食飼料可以補充牧草無法提供的營養，但也不能過度給予飼料，避免天竺鼠因為吃太多飼料而造成肥胖與不去吃牧草的問題。通常飼料包裝後面都會有建議給予的份量可參考，而天竺鼠因為名字有「鼠」字，而且跟兔兔的飲食非常類似，所以有些寵物店會推薦倉鼠或兔兔的飼料，甚至還會拿出龍貓飼料推薦，但這些飼料都不合格喔！有以下幾個原因：

　　❶ 倉鼠的飼料含有太多穀物、種子，不適合天竺鼠的腸胃，而且倉鼠飼料不會額外添加維生素C。

　　❷兔兔、龍貓的飲食雖然跟天竺鼠很相像，但飼料也不會額外添加含有維生素C的成分，不適合單獨給天竺鼠食用。

　　所以選用天竺鼠專用飼料才是最佳選擇，除了從包裝上面看有沒有天竺鼠圖案，查看成分表更能識別是不是天竺鼠的專用飼料。就像人類的奶粉一樣，天竺鼠也有分幼年、成年的飼料，主要差別在於成分，幼天飼料的成分以苜蓿草為主，成天的飼料則以提摩西為主。

發泡型：

早期的發泡型的飼料是用牧草、其他原料磨成細粉後製成酥脆口感的飼料，適口性佳卻無法達到磨牙的效果，但現在的發泡型飼料也利用新的技術增加纖維質的長度，讓磨牙次數增加。發泡型飼料優點在於可減少天竺鼠顳顎關節咬合的壓力，適合老年或牙口不好的天竺鼠。

▲CUNIPIC：頂級無穀天竺鼠飼料

▲凡賽爾：天竺鼠全方位完整飼料

▲GEX金牌：C3102活菌天竺鼠料

◀◀Burgess伯爵Excel：天竺鼠專用薄荷鮮味

◀Burgess伯爵Excel：天竺鼠專用黑加侖&奧勒岡葉

壓縮型：

壓縮型的飼料是用牧草及其他原料切碎壓縮製成，分成加壓緊實型及鬆散型。因纖維比較完整，所以磨牙效果較好但適口性較差，要注意的是太大顆又太硬的飼料會造成顳顎關節咬合的負擔，因為天竺鼠的前牙不像兔子一樣有力，顳顎關節凹槽又比較淺，容易造成咬合不正、關節受傷；如果買到太硬或太大顆的飼料，可將飼料剪小塊方便入口或是選擇壓縮成較偏細長條狀的飼料。

▲Sherwood蒔寵：天竺鼠提摩西配方

▲摩米MOMI：Complete G 營養全G天竺鼠飼料

▲SPS寵之選：天竺鼠提摩西飼料

▲OXBOW：活力成天竺鼠配方飼料

▲Vitakraft：黃金比例配方成天竺鼠飼料

◀◀邦尼：夢想高齡天竺鼠無糖水平咬合高安C配方
◀邦尼：夢想天竺鼠無糖水平咬合高安C配方

混合型：

混合型的飼料裡面可能混合了各種材料，例如穀物、種子、乾燥蔬果乾、發泡型飼料或壓縮飼料，看上去會覺得相當豐富。然而天竺鼠通常都是只挑好吃來吃，所以會造成營養攝取不均衡，也可能會吃下過多的穀物種子等；對於挑食的天竺鼠來說，這種混合性的飼料比較建議當零食，不適合當每日餵食的飼料。

▲Little One【綠色山谷無穀系列】天竺鼠飼料

▲Little One【營養完善飼料】天竺鼠飼料

▲賽爾：全新NATURE特級天竺鼠飼料

▲邦尼：夢想穿梭天竺鼠 換食／佐餐配方

除了年齡是首要考量，我會盡量選擇無糖（加糖蜜的飼料雖然適口性很好，但容易上癮、肥胖，是個有害無益的成分）及避免多穀物的飼料。通常購買兩款以上的飼料，混合交替給予，基本上會一款發泡飼料搭配一款壓縮飼料，除了互相補足兩種飼料的優缺點，還可以讓屁鼠們不至於太快就吃膩，而且目前的飼料幾乎都是從國外進口，所以讓屁鼠們多接觸習慣不同廠牌的飼料，哪天某款飼料斷貨的時候，才不會造成太大的影響。

穀物迷思

通常網路上都會建議不要餵食混合型的飼料，因為裡面的穀物會導致脹氣，除了直接能看到穀物的混合型的飼料，其實有些壓縮型、發泡型的飼料也含有穀物。最準確判斷有沒有穀物的方式，是看飼料的成分表會比較準確；由於天竺鼠的消化系統比較脆弱，無法處理複雜的碳水化合物和糖分，只適合食用極少量無加工的穀物，如果是已經有消化問題的天竺鼠吃到穀物，可能會引發更嚴重的狀況，建議多觀察孩子們的狀況並詢問獸醫師。

蔬果篇

　　天竺鼠自身無法合成維生素C，平日除了從飼料、保健食品來補充，蔬菜水果也是很重要的攝取來源；建議每日提供蔬菜給天竺鼠吃，而水果因為糖分較多，一週給一兩次，甚至當獎勵就好。不管是蔬菜跟水果，給予份量都不用太多，以少量多樣的方式作為給予的準則，以下介紹幾種比較常見蔬菜水果的優缺點：

- 水分多的萵苣類除了吃太多會拉肚子，營養成分算是相對安全，但還是要適量，不可以給太多，例如：A菜、大陸妹、羅美生菜、鵝仔菜等各類萵苣。

- 天竺鼠如果攝取過量草酸，長期累積容易造成尿道結石，尤其已經有結石、尿砂症狀的天竺鼠要特別注意。以下蔬果雖然營養價值豐富，但請避免每天連續大量餵食，例如：菠菜、羽衣甘藍、甜菜、香菜、青椒、空心菜、地瓜葉、莧菜類。

- 常常可以看到國外的社群媒體上面餵食天竺鼠花椰菜，但台灣通常會把花椰菜等十字花科的蔬菜歸類為禁止餵食，因為十字花科植物含有硫（sulfur）與棉子糖（raffinose）等成分，容易造成腸胃不適、胃脹氣等問題，只能少量給予。為了避免給予錯誤的餵食量，建議還是避開這幾類的蔬果：高麗菜、青花菜、花椰菜、青江菜、蘆筍、芹菜。

- 澱粉含量高的根莖類蔬果，除了會造成肥胖，澱粉也很容易讓天竺鼠脹氣。這類蔬果就像天竺鼠界的洋芋片，屬於多食卻無益的食物，所以不建議餵食這類蔬果，例如：玉米、馬鈴薯、地瓜、南瓜、五穀類、豆類、香蕉。

- 小黃瓜含有一種維生素C分解酶（壞血酸氧化酶），分解酵素會破壞其他蔬果的維生素C，所以建議將小黃瓜單獨餵食，例如將小黃瓜與其他蔬果早晚分開餵食。

- 除了小黃瓜有分解酶，紅蘿蔔也含有分解酶，也需要分開餵食，而且天竺鼠食用過量的紅蘿蔔，有可能會造成維生素A中毒。
- 未剝殼的玉米筍可以將外殼一層一層的撥下，並將玉米鬚洗乾淨再餵食天竺鼠，玉米筍的澱粉含量算高且草酸量也偏高，如果會擔心出現不適可避開餵食。
- 刺激性的蔬果千萬不可以餵食給天竺鼠：例如：辣椒、韭菜、洋蔥、青蔥、蒜頭、蒜苗、薑。
- 水果類除了脂肪較多的酪梨不要餵食、蘋果的籽有毒要先去除，其他的水果都是比較安全，例如：芭樂（芭樂籽太硬也要去除）、櫻桃、草莓、藍莓、桃子、西瓜、水梨、蓮霧、桃子、奇異果、葡萄、西瓜、橘子（柑橘類的果皮對天竺鼠的刺激性太強，要避免讓牠們接觸喔！）。但水果的糖分還是很高，所以不管是哪一種都建議少量餵食，糖分攝取過多也會造成脹氣等消化問題。

▲大家一起吃鵝仔菜

▲大家一起吃玉米筍殼跟玉米鬚

新鮮的野味怎麼採？

除了蔬菜水果之外，野外的新鮮草類也是天竺鼠可以享用的野味喔！採野味前要先注意四周環境，如果附近有噴農藥、工廠或是太髒亂的地方，就要避開不要採集會比較保險。雖然是野外生長的植物，但食用前也還是要仔細清洗才能餵食，以下就來介紹幾種姆姆媽比較常見及摘取的野味（野草）。

狼尾草：

跟提摩西一樣是禾本科，是台灣畜牧業常用的牧草。在山上或河邊空地都可以發現它們的蹤影，長得有點像芒草，但還是不太一樣。狼尾草有點甜甜的味道而且纖維量高，天竺鼠吃完後便便通常都會變得圓潤黑亮。

如何分辨狼尾草與芒草？

1. 狼尾草的葉片佈滿小細毛，逆著葉片摸還會有阻力，但芒草是光滑也比較像塑膠片的感覺，逆著摸也不會有阻力。

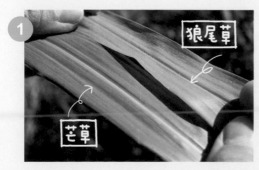

▲簡易判斷方式：表面有沒有倒鉤細毛

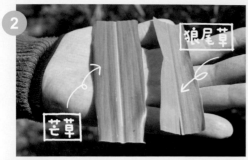

2. 芒草的葉片正反面顏色
差很多。

◀簡易判斷方式：
表面有沒有倒鉤細毛

◀芒草（背面）摸起來有點像塑膠
狼尾草（背面）摸起來有點粗糙
簡易判斷方式：表面有沒有倒鉤細毛

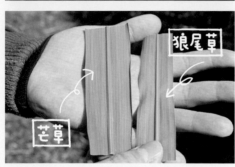

3. 狼尾草的花穗是一根，
芒草的花穗則散開，兩者
的樣子不同。

◀狼尾草花穗

＊長輩會用台語稱狼尾草為「牧草」，
不妨問問看長輩知不知道牧草，說不
定長輩可以指引在哪邊可以採到狼尾
草喔！

◀芒花（芒草）

▲採回來的狼尾草清洗乾淨後，就可以給屁鼠們享用囉

玉米葉：

玉米葉其實也是禾本科，但因為玉米是高農藥作物，旁邊的玉米葉也會受到波及，比較建議選購無農藥的玉米葉，或是自己種玉米葉來餵食喔！（可參考自己種健康小點心篇，種植方法玉米也適用）。

咸豐草：

俗稱的鬼針草，果實會沾黏衣服，小朋友常常會拔來玩。葉片跟莖都可以少量餵食，是生命力旺盛的外來種植物，在山上或路邊都可以看到它們的蹤影。

車前草：

對於生長土壤的要求不嚴格，所以可以在公園、山上甚至行道樹旁找到。因為生長得比較貼近地面，所以更要特別注意周遭的環境喔！

蒲公英：

種子像小毛球，葉子也是可以餵食天竺鼠喔！

▲桑葉背面

桑樹葉：

沒有錯！就是那個小學時期拔來餵蠶寶寶的葉子，天竺鼠也是可以食用桑樹葉喔！

天竺鼠挑食怎麼辦？

天竺鼠跟我們人類一樣，每一豬都有自己喜歡的口味，即使是住在一起的室友，喜歡的味道跟不喜歡的味道都有差異，所以做為主人的我們只要注意避免以下幾項：

1.放太多飼料
2.放太多零食
3.放太多水果蔬菜

其他時候的挑食可能都是有原因的，例如以下情況也會讓天竺鼠們不想吃東西：

- 生病：疼痛、不舒服、牙齒過長等都有可能讓天竺鼠挑食，例如牙齒不舒服只能吃軟葉等，最保險就是帶去給獸醫生檢查。
- 牧草：梗太粗或太硬、葉片太少梗太多，或是牧草受潮有異味，因為我們品嘗不出來牧草的好壞，所以要相信天竺鼠的反應，就像人類的食物有時賣相好但不一定好吃。
- 飼料：太硬、太軟、太大顆不好咬等口感問題，或是味道不喜歡、季節使食物產生不同味道。
- 水果蔬菜：太酸澀，或是害怕接觸新的味道。如果家裡有其他天竺鼠，可以讓牠們互相學習，如果沒有同伴的話，可以先拿食物沾沾嘴巴，讓牠們試試味道；有時候天竺鼠嚐過，發現是好吃的東西就會主動去吃囉！

自己動手種健康小點心

外面買或是外面拔都還是有疑慮的時候，不妨就來自己種種看健康的小點心吧！以下是姆姆媽的小小種植心得分享：

小麥草、大麥草

STEP 1

先將種子浸泡超過6小時，盡量不要泡超過10小時，種子可能會臭掉，就種不出來了。

STEP 2

浸泡完後，將水倒掉開始敷芽。鋪上一張沾水的紙巾，讓種子保持濕潤，要注意不要讓紙巾乾掉。

一點點出芽 ▶

STEP 3

敷個1天，等到種子長出大概2mm的小芽的時候，就可以準備花盆跟培養土，準備移植到土中。

STEP 4

用土將花盆填滿到七、八分滿。

STEP 5

鋪上種子，盡量不要重疊在一起。

STEP 6

再覆上一層薄薄的土（有蓋過種子即可）。

STEP 7

定時灑水保持土壤微濕，大約兩到三天就可以看到小麥草冒出來，一個禮拜可以長到像照片的高度。

STEP 8

兩個禮拜後，大約長到10公分就可以準備收割，一般再過個幾天可以再收割一次。

STEP 9

大約收割第三次之後，土中的養分大概就用完，可以把用完的土放在陽台養土，之後可以再利用喔！

自己動手做健康小點心

因為屁股臉家有過胖的天竺鼠、年紀大的天竺鼠，所以平常不太給外面販售的零食，自己動手做零食會比較安心，以下分享姆姆媽自己的手作小方法。

草餅

牧草每次吃到最後都有很多碎屑，利用這些牧草碎屑可以拿來做草餅。

▪ 使用工具：

乾燥機、牧草屑、水果（澱粉越多的水果越有黏性但也容易脹氣，例如：香蕉）、研磨機（用果汁機也可以）、餅乾模、烘焙紙。

STEP 1

先將草屑用果汁機或研磨機打成草粉，打得越細越好。另外將水果也用果汁機打成果汁，但不用特別過濾（這樣可以增加草餅黏性），並切好擺飾用的水果薄片。

STEP 2

將草粉分次加入果汁中攪拌成草泥，避免一次加太多把水分吸乾。

STEP 3

攪拌到可以聚集起來造型的黏度就可以。

STEP 4

下面鋪烘焙紙（比較好拿起來），將草泥放入餅乾模具壓平。

STEP 5

將水果薄片（用薄片比較容易烘乾）稍微壓進草泥中。

STEP 6

將草泥脫模。

STEP 7

將草泥放入乾燥機中，用大約攝氏57°C烘乾，時間長短則是看草餅的厚度。

STEP 8

乾燥後的草餅就可以疊起來當生日蛋糕囉！

果乾

外面賣的果乾有些會再添加糖，自己製作無添加物的果乾其實就很好吃。因為烘乾所以糖分都已經濃縮，吃起來會比新鮮水果更甜，飼主也可以跟著天竺鼠一起享用喔！

▪ 使用工具：
乾燥機、水果切片。

▪ 製作步驟：
將水果切片後，排列放入乾燥機，用攝氏57°C烘乾，因為每種水果的水分含量不同，可以邊烘邊觀察水果乾了沒。

完成

Before

After

草莓

芭樂

Before · After

蘋果

草乾

　　有時候買太多或拔太多鮮草吃不完，放太久爛掉很可惜，
可以趁新鮮的時候先將一部份烘乾，這樣可以保存比較久，還
可以提供不同口感，天竺鼠比較不會吃膩。

Before

After

狼尾草

▪ 使用工具：
乾燥機、狼尾草（其
他鮮草也可以使用此
方法）。

▪ 製作步驟：
狼尾草可以用較高溫
的攝氏71℃去烘乾，
烘完之後會變成脆脆
的草乾。

關鍵字篇

你們"誰要吃"粽子呀～?

嗯?

Pui!?

我要吃 PUI——!

這是人類吃的啦!!

外面不是葉子嗎!?

你們吃了會死掉啦!!

小氣鬼!!

有飼養毛孩子的人都知道關鍵字的可怕

Chapter

4

我的天竺鼠怎麼了！?

剛果非犬貓動物醫院
高瑜廷醫師專業審訂

如何觀察與發現天竺鼠生病？

天竺鼠因為是食物鏈最底層的動物，為了避免被獵食者發現自己處在比較虛弱好捕捉的狀態，所以生病的時候非常會忍耐。如果飼主平日沒有仔細記錄觀察，很可能忽略掉天竺鼠發出的細微警訊，以下是姆姆媽這幾年的觀察心得。

體重

▪ 過輕：

從外觀及輕撫身體就可以感受到一根一根的肋骨，背部中間的脊椎明顯隆起，像是駝背一樣，可以摸出屁股骨頭及脊椎輪廓，四肢站立時肚子離地板很遠。

▪ 適中：

從外觀看不到肋骨，但可以稍微摸得到肋骨，屁股骨頭跟脊椎只能摸到位置，無法摸出明顯的輪廓，四肢站立時肚子不會遮住腳，身體前窄後寬有腰身。

▪ 過胖：

從外觀看不到肋骨，撫摸時摸不到肋骨、屁股骨頭，摸脊椎只能摸到軟軟的肉，四肢站立的時候肚子會垂到地板遮住腳，沒有腰身。

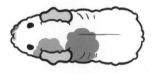

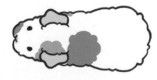

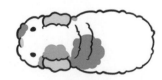

體重數據是天竺鼠健康狀態最好的紀錄，也是最好觀察的一個指標。建議每天定時量測並記錄天竺鼠的體重。每天通常會有20公克以下的浮動，如果短期之內飲食環境都沒有變化，體重卻少了50公克以上的話就要注意了，很有可能是因為生病而造成體重下降，建議趕快預約非犬貓的動物醫院就診檢查。

　　天竺鼠過輕或過重都不好，但因爲每隻豬的骨架、身長不同，所以只看數字並不客觀，可以從體型來判別有沒有過輕或過重。

食慾

　　天竺鼠是愛吃並且需要常常進食的動物，當天竺鼠不吃某些食物的時候，可能只是因為那些食物不好吃（例如牧草或飼料受潮、蔬菜水果不新鮮、吃膩某些食物)。但食慾已經差到連平時最愛吃的食物都不吃的時候，很有可能是因為生病，天竺鼠不吃不喝是非常危險，建議儘速就醫。

行為

　　天竺鼠在疼痛或是不舒服的時候可以從一些行為發現到，例如：

- **炸毛**：毛髮豎立起來，整隻天竺鼠看起來會蓬蓬的。
- **母雞蹲**：縮起來像是母雞蹲著孵蛋一樣。
- **不做毛髮清理**：健康的天竺鼠會做像洗臉洗身體般的毛髮清理動作。
- **自我孤立**：縮在角落不與其他同伴或主人互動，很怕吵雜聲。

▲蒙蒙因為磨完牙不舒服炸毛

- **休息或睡眠增加**：比平常休息或睡眠的時間更長。
- **拱背**：身體向後拱起來有時甚至會發出尖叫或哀鳴聲。
- **焦躁不安**：與平常相比更躁動，無法好好的休息或是脾氣變差。

外觀

平常跟天竺鼠互動撫摸的時候，可以順便摸摸看身體或是近距離觀察看看外觀有什麼不對勁的地方，例如：

- **禿毛**：檢查除了本身的漩之外的地方有沒有異常的掉毛、禿毛。

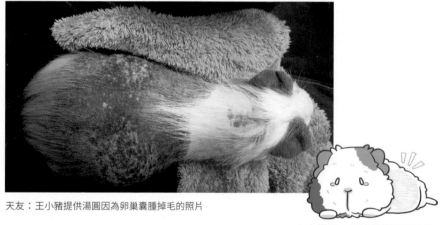

天友：王小豬提供湯圓因為卵巢囊腫掉毛的照片

＊小提醒：天竺鼠的耳後及乳頭周圍沒有毛是正常的喔！

- **毛髮中有皮屑**：有皮屑的狀況有可能是黴菌或是疥癬，兩種都是會傳染的疾病，要保持環境乾燥、乾淨並且將室友們分開，避免接觸傳染。
- **毛髮中有黑點**：撥開毛髮或是毛髮表面看到一小點一小點的附著物，可能是蟎蟲、跳蚤等寄生蟲。

- **眼睛**：瞇瞇眼、眼球霧霧的、眼睛紅紅的，或是眼睛周遭有眼屎分泌物，都很有可能是眼睛受傷，先確認是否有草屑掉進眼睛，可用生理食鹽水將草屑慢慢沖出，其餘狀況要送至醫生治療，任意點眼藥水可能會讓病情惡化。

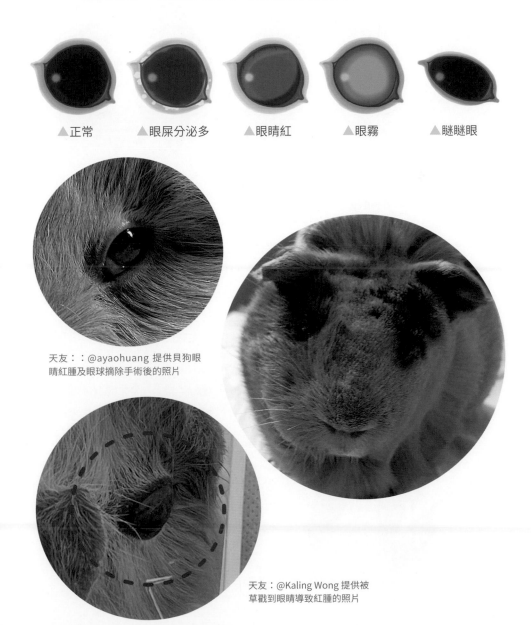

▲正常　　　▲眼屎分泌多　　　▲眼睛紅　　　▲眼霧　　　▲瞇瞇眼

天友：：@ayaohuang 提供貝狗眼睛紅腫及眼球摘除手術後的照片

天友：@Kaling Wong 提供被草戳到眼睛導致紅腫的照片

- **乳頭腫大、有分泌物**：很有可能是乳腺瘤，好發於公天竺鼠，沒錯，是男生比較容易得到喔！建議就診確認是否需要開刀切除；若是母天竺鼠發生這種狀況通常是荷爾蒙不穩，建議結紮。

- **歪頭**：中耳炎會影響到內耳平衡，導致歪頭、斜頸、平衡失調、眼球震顫等症狀，建議及早就醫治療。

大便

　　便便形狀也是重要的健康指標之一，男生的便便通常會比較大顆甚至呈現彎彎的形狀，女生的通常會比較小顆，結紮後的便便也會變小顆，而便便除了數量的多寡還可以用形狀來辨別。

- **乾燥淚滴型**：乾燥且較小呈現淚滴型的便便可能是脫水中或牧草量不足、飲水量不足。

▪ **帶有黏液或泡泡：**
黏液（有時候會形成泡泡狀）是天竺鼠的腸液，當便便帶有腸液的時候可能是腸道有受損，例如過久沒有進食、吃太少、拉肚子、吃藥受影響，建議看到腸黏液時就要密切觀察天竺鼠的精神和食慾等狀況。

▪ **團塊型：**便便呈現團塊狀不是黑豆狀的時候，可能是脹氣或便秘的情況。

▪ **濕濕軟呼呼不成型：**便便呈現濕濕軟呼呼狀的時候，通常氣味會比較重，吃太多蔬菜或是寄生蟲感染、吃草量太少纖維不足都有可能發生這種腹瀉的狀況。

烙賽

正常的便便

▪ **便便帶血型**：便便帶有血時通常都是很緊急的狀況，可能是腸道或肛門有發炎或是撕裂的狀況，建議儘速就醫！！

▪ **顏色較淺或偏綠色**：盲腸便會呈現偏綠色或淺咖啡色，這種便便裡含有兩倍的蛋白質和一半的纖維質，並含有可助於維持正常菌叢的益生菌，所以會看到天竺鼠低頭回收便便喔！

▲ 未結紮的公天竺鼠因為屁囊的關係，便便會比較長甚至彎彎的

▪ **完美黑豆型便便**：便便呈現黑色與深咖啡色之間，圓潤帶有點濕潤的光澤而且不會沾黏，是完美的便便型態。

▪ **沒有看到便便**：天竺鼠有吃便便補充營養、益生菌的習性，有時候可能是自己回收，或是同伴們把便便吃掉。最糟的情況是因為脹氣沒有排便，脹氣對天竺鼠非常危險，可能會因為脹氣無法進食進而衰竭，如果發現這種一直沒排便的狀況要趕快帶去看醫生。

尿尿

除了尿液的顏色有沒有怪怪的之外，也可以觀察天竺鼠排尿時的反應（有沒有拱背尿尿或哼哼叫），顏色的辨別如下：

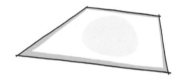

▪ **清澈的淡黃色**：正常的尿液是清澈的淡黃色或是透明無色。

▪ **深黃色**：如果發現天竺鼠排出深黃色尿液的時候要特別注意，很有可能是因為肝發炎導致膽汁排泄不順，膽汁積在肝臟中造成血液的膽色素提高，造成尿液變成很黃的深黃色。看到這種顏色的尿液要趕快就醫。

▲摸摸曾經肝發炎時尿出很黃的尿液

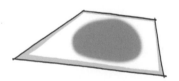

▪ **棕色**：正常，一開始尿液顏色是正常的透明淡黃色，但因尿液中含有紫質，與空氣接觸氧化後會呈現更深的棕色，公天竺鼠比較較常發生。

▪ **乳白色**：鈣含量太多，幼天時期因為攝取比較多鈣質（例如苜蓿草），所以比較常發生；如果成天的尿液是乳白色則須調整飲食，減少鈣含量多的食物。

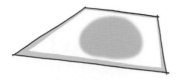

- **橘粉紅色**：尿液乾掉呈現橘粉紅色是正常情況，通常是因為食物的關係，例如番茄、紅蘿蔔。

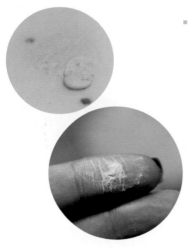

- **含砂狀雜質**：尿液中帶有砂狀的雜質代表已經有結晶出現，除了要減少鈣含量的飲食，還要督促天竺鼠多喝水。尿砂很有可能會刮傷尿道引發感染，尿砂如果沒有排出來有可能會形成尿結石，建議就醫檢查。

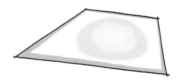

- **血紅色**：乾掉的尿液呈現棕褐色，通常是因為帶有血液，建議儘快帶去看醫生。

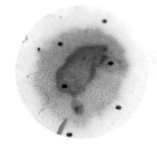

- **沒有尿尿**：如果觀察到天竺鼠很久都沒有排尿，甚至一直做出壓低屁股（平時尿尿的姿態）這樣的動作，請直接帶去看醫生。天竺鼠排不出尿是非常緊急危險的狀態啊！可能很快就會出現尿毒症、腎衰竭等併發症狀。

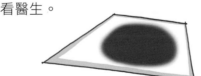

姆姆媽觀察心得

　　尿液顏色因為很容易受到飲食或墊材影響，尿液含有微量血液的時候肉眼看不出來，建議可以在家備有尿液試紙，這樣只要稍有疑慮就可以比較快速判斷是不是要送急診，也不會一直懸著心喔！

天竺鼠的常見疾病

本篇主要是分享飼主從跟天竺鼠相處的過程中，觀察發現的生病前兆，以及生病後的照顧經驗，醫療診斷跟用藥治療還是要以醫生的專業為主。以下分享除了姆姆媽本身的經驗，還有廣大天友們的經驗分享，希望大家飼養天竺鼠時可以及早發現問題，降低錯過治療黃金期的機率。

心臟病

天竺鼠跟人類一樣會有心臟疾病，例如先天性心臟病、充血／擴張性心臟衰竭、心律不整、心肌無力、心臟瓣膜疾病與心血管疾病等，而且心臟病跟有一些疾病症狀可能有相關。雖然心臟疾病本身不可逆，但及早發現並治療的話，還是有機會控制病情，以及延緩惡化速度。

在家如何觀察異樣呢？

❶ 體重下降、食慾不振。

❷ 很用力的呼吸、呼吸很喘、張口呼吸、呼吸有異音、咳嗽。

❸ 將頭抬高或將頭墊高呼吸。

❹ 嘴唇鼻子的黏膜沒有粉嫩的血色，變成蒼白或是藍紫色的狀態。

❺ 未梢血液循環不佳，例如耳朵邊緣從原本的黑色變成白色、白色變成黑色。

❻ 精神不佳、嗜睡、容易熟睡叫不醒。

❼ 運動量減少、肌肉流失、整隻豬軟趴趴。

❽ 咬合不正。

❾ 拉肚子腹瀉。

可以請醫生做哪些檢查確認呢？

❶ **聽診心音**：可以聽出是否有雜音、心律不整狀況。

❷ **X光**：可以看胸腔及心臟的大小、輪廓。

❸ **超音波**：可以看到心臟內的血液流動和收縮、瓣膜狀況、心肌厚度以及心房心室的大小。

❹ **心電圖**：可以檢查心臟的節律及電波活動，但因為天竺鼠太小隻加上不好控制，不容易收集到心電圖資訊。

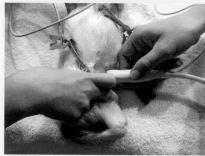

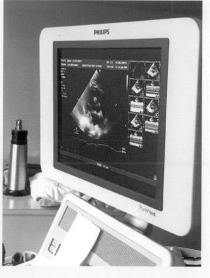

天友：@feilosopher.f
提供肥肥心臟超音波檢
查及抽心包膜積液照片

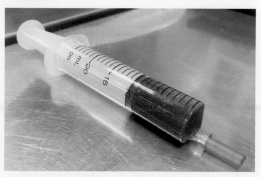

▲抽出的心包膜積液

❶ **維持氣溫**：心臟病患豬對氣溫很敏感，氣溫驟變對病患豬來說可能會引起血壓、血管收縮不穩定，建議開空調保持室溫維持在攝氏 25～26 ℃。

❷ **定時餵藥**：不定時餵藥可能會影響心血管的變化，必須按照醫生指示的劑量定時餵藥。

❸ **保存用藥處方資料**：因為心臟病藥物是不可以隨便中斷，有時候可能會因為病情發展跟某些特殊狀況需要到別家動物醫院就診、拿藥，因此需要保存用藥處方及劑量的資料。

❹ **備有保健食品、草粉**：日常保健可以餵食 Q10、牛磺酸等，可以向獸醫師諮詢建議，另外草粉可在食慾不振或體重過輕的時候補充營養。

❺ **避免情緒激動、激烈運動**：避免讓病患豬情緒激動，例如將牠跟不喜歡的同伴隔開；還有避免激烈運動，例如移除跳上跳下的激烈運動的擺設，建議將環境改造為平緩的擺設。病患豬可能會因為身體虛弱變得比較弱勢，要注意室友豬們會不會欺負心臟病患豬。

❻ **定期回診**：因為心臟疾病不可逆，所以要定期回診追蹤。

❼ **備有氧氣機、氧氣房**：當心臟病患豬喘氣或者黏膜蒼白發青的時候，可能是血氧量不足，可使用氧氣機搭配氧氣房讓病患豬吸氧，藉由吸氧氣來減輕呼吸困難及疲倦的程度。氧氣機可以到醫療材料行、藥局租借，氧氣房也可以自己用現成材料來 DIY。

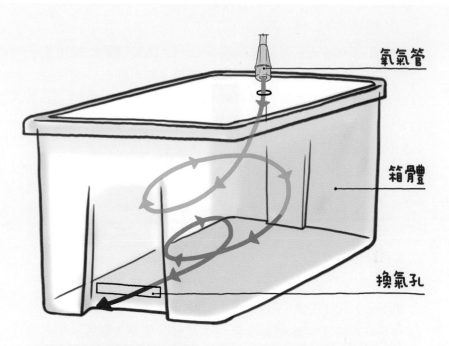

＊氧氣房一定要開洞排放二氧化碳，而且因為氧氣房中空氣沒有那麼流通而比較悶熱，建議整個房間可以開啟空調，並且注意氧氣房裡面的溫度和濕度（可以放一個小溫度計、濕度計在裡面）。

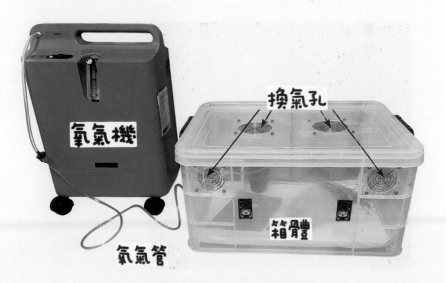

天友：@泡呆豬豬&倉鼠family 提供 二寶氧氣房配置照片

中耳炎

　　中耳炎也是天竺鼠常見的疾病之一，比較棘手的是早期不容易診斷出來。中耳炎發生的原因很多，有可能是細菌感染、耳部受傷感染、口腔牙齒神經疾病、腫瘤、異物入侵等。病徵也非常多樣，因為頭部的管道很多，所以病原容易到處跑，例如最常見的原因是病原沿耳咽管上行至中耳導致，是個比較需要費心的疾病。

在家如何觀察異樣呢？

1 眼球震顫。

2 歪頭。

3 走不穩、無法平衡、跌倒。

4 眼睛眯眯的或紅腫。(因顏面神經麻痺導致眼睛閉合異常而繼發角膜炎)

5 咬合不正、牙齒過長。

6 耳朵有膿或有分泌物。

7 一直餵不胖、體型比別豬小、發育較遲緩。

8 體重下降。

9 反應比較慢。

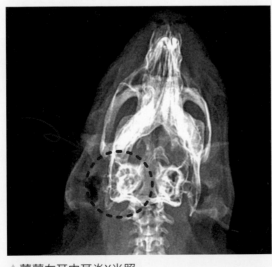

▲蒙蒙左耳中耳炎X光照

可以請醫生做哪些檢查確認呢？

❶ X光：最快速方便的檢查方式，但初期可能會看不出來。

❷ 電腦斷層（CT）：費用比X光高很多，但可以更清楚看到病況，有利於診斷及後續治療。

居家照護注意事項

❶ 環境布置：因為中耳炎可能影響到平衡系統而容易跌倒，建議將環境改造為全平面避免高低差，將便盆、有檻的窩、草架拿掉，鋪上柔軟的軟墊，避免跌倒的時候撞到。

❷ 減少緊迫：建議安置於較安靜的環境，但該做的還是要做（例如餵藥、灌食）。

❸ 維持氣溫：中耳炎的病患豬會比較怕冷，如果天氣太冷要做好保暖措施。

❹ 注意飲食：可能會因為不舒服、平衡不好無法好好的飲食，必要的時候可以用針筒餵食草粉。

結石尿砂、泌尿道疾病

　　天竺鼠因為是草食動物，所以尿液是鹼性且含有高量的礦物質，但天竺鼠是由泌尿系統來排鈣的，所以一定會有排出尿砂結晶的狀況，但體質和飲食（飲水量不足、飲食又常攝取高草酸、鈣含量多的食物）等因素會加重這個狀況，而引發臨床症狀或容易產生結石。

　　結石不一定會是在膀胱或是尿道，也有可能會是在腎臟的位置。結石比較棘手的狀況是卡在膀胱頸、輸尿管、尿道（公天竺鼠的尿道較窄），導致天竺鼠無法將尿液排出而引發腎衰竭產生尿毒症，所以當發現天竺鼠無法排尿時請不要猶豫，直

接去急診就醫。

　　另外天竺鼠因為腿短底盤比較低，尿道口很容易碰觸到穢物；母天竺鼠的尿道比較短，所以比公天竺鼠更容易發生泌尿道的細菌感染，當細菌蔓延到膀胱就會產生血尿、血塊。

在家如何觀察異樣呢？

① 排尿的時候會哼哼叫、拱背、抽動。
② 一直壓低屁股做出要尿尿的動作，但沒有尿或是只排出一點點尿液。
③ 只尿出一小攤。
④ 尿液中有血或是使用尿液試紙驗出潛血反應。
⑤ 尿液中有雜質、砂、結晶。
⑥ 原本屁股附近的毛不會沾到尿，但突然開始常常沾到、下腹有濃濃的阿摩尼亞味。
⑦ 嘴巴有尿騷味（尿毒症症狀）。

天友：@ayaohuang
提供鼠辣結石血尿的照片

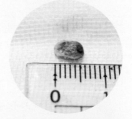

▲霞霞的0.5公分結石

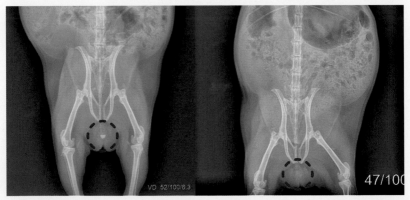

▲霞霞尿道結石X光照，左為結石還在，右為結石已經排出。母天竺鼠因為尿道比較寬，有機會可以將結石排出（或麻醉夾出），但公天竺鼠因為尿道窄，所以如果有結石卡住時會比較危險

可以請醫生做哪些檢查確認呢？

❶ **尿液檢驗**：收集乾淨的尿液提供醫生做檢驗，收集的尿液檢體越新鮮越好。

❷ **X光**：可以拍出密度比較高的尿砂及結石。

❸ **超音波**：可以拍到膀胱中的狀態，但要在膀胱充滿尿液的時候才能拍清楚膀胱裡面的狀態，另外還有腎臟的部分也可以用超音波確認狀態。

 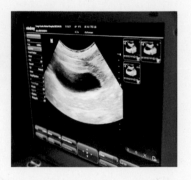

▲屁股臉家的霞霞掃膀胱／腎臟超音波時

居家照護注意事項

❶ **多喝水**：不論是體質問題還是後天飲食導致，多喝水有助排出尿砂、結石。如果是不愛喝水的天竺鼠，可以搭配提供水分較多的蔬果。

❷ **多運動**：提供空間足夠的環境讓天竺鼠可以跑跑跳跳，避免尿砂沉積無法隨著尿液排出。如果是老年天竺鼠、不方便移動的天竺鼠，可以抱起牠們，輕微緩慢的搖晃後腹部，協助沉積的尿砂混合尿液。

❸ **注意飲食**：避開高草酸、高鈣質的食物，飼料放適量就好，避免給過量。

❹ **提供保健食品**：可以提供消炎利尿的保健食品，蔓越莓成分雖然可以保養泌尿道黏膜但草酸偏高，要適量給予。

❺ **備有尿液試紙**：在家就可以驗出是否有潛血、發炎的反應。

脹氣（腸胃遲滯）

　　脹氣對天竺鼠來說很常見，也是非常需要留意的狀況。引發脹氣的原因非常多，長時間未進食、壓力大、疼痛、吃到太甜的食物、吃到容易引起脹氣的食物、纖維吃太少、天氣及環境變化、藥物副作用等狀況都會引發脹氣。嚴重的脹氣可能導致壓迫器官造成衰竭死亡，因此非常緊急的情況下可能會進行手術排除脹氣。建議發現稍微有脹氣狀況時，就帶天竺鼠看醫生是最為保險的做法。

在家如何觀察異樣呢？

1 沒有食慾、食量下降。
2 縮在角落母雞蹲、炸毛。
3 整隻豬看起來膨大，尤其是腹部的地方。
4 肚子脹大，摸起來像氣球一樣繃緊、變硬，甚至天竺鼠被觸摸到肚子會發出不舒服的聲音。
5 便便的形狀怪異（不是黑豆狀），甚至沒有排便，或是一直放屁。

可以請醫生做哪些檢查確認呢？

1 **觸診**：觸診可以初步的判斷天竺鼠有沒有脹氣。
2 **X光**：可以查看是哪個器官脹氣、有沒有壓迫到其他的器官。
3 **糞便檢驗**：腸道過多、過少細菌或有寄生蟲都有可能會導致脹氣，可以從糞便中檢驗出細菌量及有無寄生蟲。

居家照護注意事項

1 **按時按量餵藥**：看完醫生後一定要遵從醫囑，按時按量的餵藥。

❷ **益生菌、乳酸菌**：平日就可以給予的保健品，保持腸道健康。

❸ **餵食草粉、牧草**：已經發生脹氣的時候先暫停給予蔬菜、水果，因為可能會讓腸胃的脹氣更嚴重；飼料也先不要給予，有些飼料裡面可能含有穀類，也會讓脹氣更嚴重。可以餵食草粉及牧草，纖維能促進天竺鼠的腸胃蠕動，如果是已經不太自行進食的天竺鼠，先用草粉進行小量的灌食，避免過急過快的灌食，除了會嗆到也有可能讓天竺鼠因壓迫而更不舒服。

❹ **腹部按摩**：在腹部大約肚臍的位置輕柔的順時針按摩。

＊脹氣常常發生的又急又快，可能會在短時間內惡化死亡，因此發現有不對勁的時候就帶去就醫，以免錯過黃金治療期。最好的方法還是預防，除了主食牧草以外其他食物（飼料、蔬果、零食）都盡量不要一次給予太多，或是一下子改變太多飲食習慣，要循序漸進的調整，以及隨時注意天竺鼠孩子的進食量、排便量。

咬合不正

　　天竺鼠的牙齒終其一生都會持續生長，所以當牙齒因為某些因素沒有順利上下磨合到就會一直生長變長，太長的牙齒可能會戳到口腔黏膜造成傷口或是影響顳顎關節。

　　造成咬合不正的原因很多，飲食中缺乏纖維（牧草）、維生素C、咬籠子、吃到太硬的東西、受到外力撞擊（打架、摔倒）、因生病吃得少、遺傳基因、中耳炎，都是可能的原因。比較嚴重的狀況可能就會需要定期回診麻醉磨牙。

天友：@Rainne Yan提供的布丁因為顳顎關節脫臼使用繃帶治療的照片

❶ 體重下降。

❷ 常常發呆並發出磨牙聲或者嗤、嗤、嗤的聲音。

❸ 吃東西時會卡到，或是不停的張嘴喬食物位置。

❹ 挑比較細小、軟的牧草、食物，有些天竺鼠的飼料盆會濕濕
髒髒，因為牠們會邊喝水邊吃飼料（把飼料泡軟）。

❺ 口腔及下巴濕潤（因為流口水的關係）。

❻ 吃東西但吃不進去，或是叼著草或食物又放下。

❼ 腹瀉（纖維不足或疼痛引起）。

❽ 被觸摸嘴巴反應很大甚至發出叫聲，或是在臉頰附近摸到一
塊軟軟的組織（有可能是膿包）。

❾ 門牙歪斜。

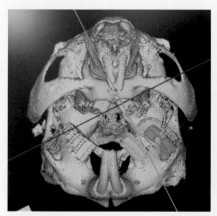
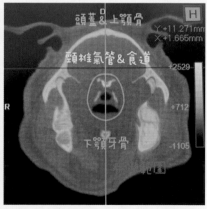

▲從左圖電腦斷層影像可以看出，蒙蒙因為紅色區塊臼齒異常增生導致咬合不正，造成黃色區塊牙齒無法正常磨耗而歪斜

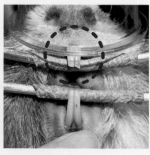

◀磨牙前可以看到臼齒過長，快要跟右邊的牙齒形成牙橋擋住舌頭，門牙也不是平的

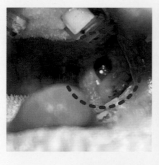

◀磨牙後可以看到
最後面的傷口，因
為被過長的牙齒戳
到黏膜而形成傷
口，門牙磨完後恢
復平整

沐沐特寵動物醫院
王若禪醫師提供蒙蒙磨
牙前後比對照

可以請醫生做哪些檢查確認呢？

❶ **口腔鏡**：天竺鼠的口腔很小，加上將口腔鏡放入的時候天竺
鼠通常都會很掙扎，嘴巴裡可能還有食物的殘渣，所以僅能
做初步的判斷；如果要詳細的看後面臼齒的狀況，需要搭配
鎮靜麻醉及口腔內視鏡檢查。

❷ **X光**：可以看到平面的骨骼、牙齒狀態。

❸ **電腦斷層（CT）**：可以看到完整的３Ｄ骨骼、牙
齒狀態，需要鎮靜麻醉才能做檢查，費用較高。

居家照護注意事項

❶ **給予軟的食物**：給予較軟的飼料與牧草，避免給過大、過硬
等不好食用的食物，也可以將食物剪成好入口的大小。

❷ **餵食草粉**：若有**吞嚥困難**時可以**泡濃稠一點**餵食避免嗆到，
但病患豬反應激烈的話可能是因為口腔有傷口，可以將草粉
泡比較稀、過濾纖維後餵食比較不會卡到口腔內的傷口。

＊注意：草粉濃稠度可按照每一豬狀況調整，但草粉泡比較稀時餵食要特別小心！避
免仰躺及過快的餵食速度，病患豬來不及吞食很容易嗆到。（嗆到可能會導致肺
炎，肺炎是很棘手的狀況，因此需要特別的小心）

❸ **注意體重**：每天測量及記錄體重，當落差太大時（少於原本
體重10%）建議就醫檢查。

❹ **阻止咬籠子**：有些天竺鼠會習慣咬籠子，但咬籠子可能會導
致顳顎關節及牙齒受損，要盡量避免養成咬籠子的壞習慣。

缺少維生素C

天竺鼠因為體內無法自行合成維生素C，視體重等個體差異，平均每天需要攝取大約10–30 mg的維生素C。缺乏維生素C除了會導致代謝障礙、發育不良、壞血病等嚴重問題，甚至還會死亡。通常會發生在剛購買、認養、救援的天竺鼠。

在家如何觀察異樣呢？

1 精神食慾不佳。

2 四肢無力、癱軟、後腳拖行。

3 牙齦、皮下與肌肉莫名出血。

4 關節腫脹。

5 傷口不易癒合。

6 末肢發黑。

可以請醫生做哪些檢查確認呢？

▪ 確診缺乏維生素C主要是靠臨床診斷，不用抽血等檢驗方式。

居家照護注意事項

▪ 正確的飲食：選擇天竺鼠專用飼料，並且額外補充新鮮的蔬果、鮮草或含有維生素C的保健食品。不建議單一來源攝取，多元的攝取維生素C才是比較健康的做法。

足底炎

天竺鼠的小小腳底需要支撐圓滾滾的身體，當長期飼養在粗糙堅硬的墊材上（例如鐵絲網）或是環境髒亂，天竺鼠就很容易得到足底炎；老年天竺鼠、行動不便的天竺鼠，以及指甲

過長也很容易得到足底炎。足底炎除了會影響到行走，還會演變成關節炎、肌腱發炎，更嚴重的是如果傷口感染到骨頭而變成骨髓炎就可能需要截肢。因此選擇對的墊材及維持環境清潔非常重要。

在家如何觀察異樣呢？

❶ 腳底跟以往相比有沒有紅紅的，甚至腫腫的。
❷ 一直蹲在原地不願意移動，走路姿勢怪怪或是跛腳。
❸ 腳底有破皮、傷口、結痂、長繭等異狀。
❹ 莫名其妙的哀哀叫。

天友：@王小豬提供湯圓因為足底炎腳部包紮的照片

可以請醫生做哪些檢查確認呢？

❶ **血液檢查**：了解天竺鼠整體感染的情況。
❷ **細菌培養**：可確認有沒有感染到細菌及細菌的種類，有助決定適合的抗生素。
❸ **X光**：可確認有沒有影響到骨頭、關節。

❶ **柔軟的墊材**：提供柔軟舒適的墊材，最下層可以使用瑜珈墊、巧拼、記憶床墊再搭配布質的尿布墊。

❷ **環境清潔**：充滿糞便尿液的髒亂環境會讓足底炎更嚴重，飼主每天都要打掃環境。

❸ **維持體重**：過重的天竺鼠可能會讓足底壓力更大，所以要避免餵食高熱量的水果、零食給天竺鼠，盡量維持天竺鼠在正常的體重內。

❹ **足夠的空間**：給予足夠且平坦的場地，讓天竺鼠有空間可以跑跳運動，如果空間過於狹小，天竺鼠只能被限縮在原地；除了持續增加足底壓力，也沒有足夠的肌肉量可以分擔足底的負擔。

❺ **一定要攝取維生素C**：天竺鼠不會自己產生維生素C，缺少維生素C也會讓末肢壞死及傷口恢復變慢，一天需要大約10–30 mg的量。

腹瀉（拉肚子）

　　天竺鼠拉肚子的原因有很多，常見的原因是寄生蟲感染或是腸道細菌過多、不足。生病的天竺鼠因抵抗力低下也較容易感染寄生蟲，如果寄生蟲一直反覆發生而無法痊癒，建議可以多做其他檢查。當天竺鼠發生拉肚子的狀況，先停止給生鮮蔬果並趕快帶天竺鼠就醫。

在家如何觀察異樣呢？

❶ 環境有便便痕跡，例如便便因為太濕軟被踩來踩去到處沾黏。

❷ 糞便過軟、過濕，呈現沾黏甚至是發散的泥狀，可能會伴隨黏液或惡臭味，不是一整顆表面光滑的黑豆模樣。

❸ 體重變輕，寄生蟲會破壞小腸的上皮細胞，導致天竺鼠無法
正常的吸收養分，導致體重逐漸下降。

❹ 食慾精神不佳。

天友：@cheese.potato_pig提供薯泥
因感染滴蟲而軟便的照片

可以請醫生做哪些檢查確認呢？

▪ **糞便檢查**：就診前飼主可以收集新鮮的
糞便提供醫生做糞便檢查，確認糞便中的
細菌量與有無感染寄生蟲。

❶ **高溫消毒清潔**：每天將籠子、器具用煮沸的熱水燙過一遍消毒清潔，保持環境乾淨。

❷ **乾淨的飲水**：水是最容易滋生細菌和寄生蟲的媒介，提供煮沸放涼的開水，並每日更換飲水。

❸ **充分清洗蔬果**：清洗蔬菜水果時充分的在水流下搓洗，並再用開水沖過一遍後才餵食天竺鼠。

❹ **分籠**：寄生蟲會傳染給同伴，建議就診時將室友一起帶去檢查，因為天竺鼠有吃便便的習性，所以可能會發生交叉傳染。

❺ **餵食益生菌、健康的便便**：寄生蟲、驅蟲藥都會影響到腸道內的好菌，可以餵食益生菌或是健康天竺鼠的便便給病患豬補充好菌。

黴菌感染

因為台灣氣候比較潮濕悶熱，非常適合黴菌滋生；不只東西容易發黴，天竺鼠的皮膚也會發黴。很高機率會從眼睛旁、腳趾、耳朵等沒有毛髮覆蓋的地方開始生長，如果天竺鼠感染到的是人畜共通的毛癬菌，要注意抵抗力比較弱的人（尤其是老年人、幼兒），接觸後一定要確實洗手，避免被傳染到喔！

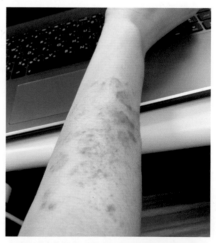

▲ 姆媽媽曾因為每天上班超過13小時，睡眠嚴重不足、抵抗力下降而被姆姆傳染了黴菌

在家如何觀察異樣呢？

❶ 一直在同一個部位抓癢。
❷ 局部禿毛。
❸ 有密集的片狀皮屑。
❹ 結痂。

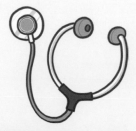

天友：@y.a.i_0220提供黴菌照片

天友：@Ming Wu提供咖啡凍的黴菌照片

天友：@dandingson0214提供黴菌照片

天友：天天好萌@cavy221b 提供
的夏洛克治療黴菌&疥癬記錄照片

▲治療四週後順利痊癒

① **顯微鏡檢查**：針對毛髮、皮屑採集樣本，在顯微鏡下可做初步的診斷。

② **紫外線燈照射**：使用紫外線燈照射患處，有些黴菌會出現螢光反應。

③ **黴菌培養**：培養患處之毛與皮屑的黴菌是最準確的診斷方法，但需要一段時間才能得到結果。

居家照護注意事項

① **遵從醫囑**：治療黴菌的方式有很多種，例如吃藥、擦藥、藥浴，醫生會依據情況給予不同的治療方式。治療黴菌的療程至少一個月，需要飼主的耐心配合才會好得快喔！

② **保持環境清潔乾燥**：因為台灣氣候非常潮濕，如果再加上天竺鼠的糞便及尿液，就會非常容易滋生黴菌。除了每天勤打掃，也可以購買濕度表放在籠子附近觀察濕度，必要時可以開除濕機保持環境乾燥。

③ **消毒環境**：可以使用六雙啶消毒液消毒籠子、器具，六雙啶是動物用藥品，可以到動物醫院購買六雙啶消毒液。

④ **分籠**：因為黴菌會傳染，所以治療期間先將室友們分籠，避免交叉傳染。

⑤ **保健品**：可以餵食毛髮、皮膚相關的保健食品。

疥癬蟲感染

疥癬蟲是天竺鼠皮膚寄生蟲中最嚴重的一種。不只傳染性非常高，而且疥癬蟲會鑽入皮膚底下，初期不容易被診斷出來，還會讓天竺鼠非常癢但又抓不到癢處，嚴重可能會讓天竺鼠癲癇死亡。

在家如何觀察異樣呢？

❶ 一直搔癢甚至抓、咬皮膚到流血，或是搔癢到抽搐痙攣。

❷ 禿毛、皮膚角質化、厚皮屑，因為角質層堆積，可能還會出現小木偶鼻的狀況。

❸ 慢性的感染會讓天竺鼠消瘦且毛髮稀疏。

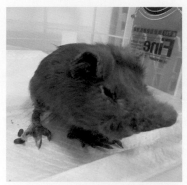 

 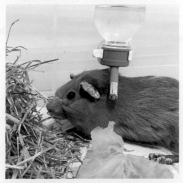

天友：5151小豬圈 @5151piggyhouse 提供中途救援豬 貢丸的疥癬治療記錄照片

- **深層搔刮檢查（表皮深層）**：因為疥癬蟲會鑽入皮膚寄生，所以搔刮檢查不一定可以看到蟲體，但飼主可以跟醫生分享在家裡看到的天竺鼠行為及狀況，有助於判斷是不是疥癬蟲感染。

居家照護注意事項

1. **分籠**：治療期間先將室友豬們分籠，因為疥癬蟲傳染力很強，如果籠子是分為上下兩層那種也要注意上層皮屑可能往下飄，所以治療期間先將室友們分籠、分隔遠一些，避免交叉傳染。
2. **高溫清潔**：清潔時可用煮沸的熱水消毒器具，並且保持環境乾燥。
3. **配合治療**：疥癬蟲很難看過一次醫生就痊癒，可能需要配合多次的打針、滴藥等治療，好好的配合療程才會好得快喔！

蝨子、蟎蟲感染

感染蝨子、蟎蟲的途徑非常多，有些天竺鼠可能是在繁殖場、寵物店時就感染到，但一直和平相處沒有特別的症狀，直到抵抗力低下的時候才會出現明顯的症狀，或是在外出時被其他動物傳染到。蝨子、蟎蟲雖然沒有疥癬蟲這麼可怕，但是容易引起人類和天竺鼠的過敏反應。

在家如何觀察異樣呢？

1. 毛髮中有很密集的黑點或白點。
2. 搔癢。
3. 脫毛。
4. 白白的卵常依附在耳後。

天友：@goodtime_for_guineapigs
提供麻糬的蟎蟲卵照片

天友：@y.a.i_0220_01 提供蟎蟲照片

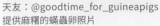

可以請醫生做哪些檢查確認呢？

- **顯微鏡觀察**：蟲體、蟲卵都會依附在表皮及毛髮上，是肉眼比較容易看見的一種寄生蟲。因為比較容易發現蟲體，利用顯微鏡就可以確認是不是蝨子、蟎蟲。

居家照護注意事項

1. **分籠或室友一起治療**：治療期間先將室友豬們分籠，或是可以一起帶去醫院預防性滴藥。
2. **環境**：保持環境清潔及通風。
3. **配合治療**：治療蝨子、蟎蟲的療程大約需要一個月以上，耐心並好好的配合療程才會快快好喔！

腫瘤

　　天竺鼠不論體內體外都很容易長腫瘤，原因可能是因為繁殖商近親繁殖天竺鼠的關係。腫瘤有非常多種，主要分為良性腫瘤及惡性腫瘤（也就是所謂的癌症）；腫瘤很難預防，只能

平日多觀察、觸摸天竺鼠孩子有沒有異樣，例如摸到一顆或一塊異物，不管是軟軟的或是硬硬的都應該要有警覺。另外，定期做健康檢查也是很重要哦！以下是天友們分享的腫瘤案例：

▪ **乳腺瘤** ··

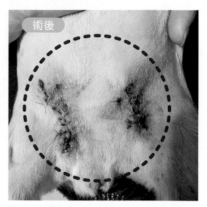

天友：@Vanessa Tseng
提供habe的乳腺瘤照片

天友：@fangsguineapig
提供弟弟乳腺瘤切除照片

▪ **脂肪瘤** ··

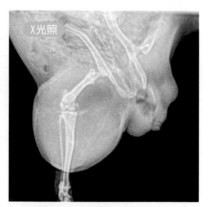

天友：Mimosa Sos提供脂肪瘤照片

▪ 角質瘤

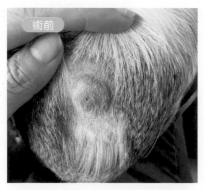
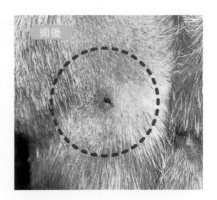

天友：@yaching1228提供角質瘤切除照片

▪ 惡性組織肉瘤

天友：@_ling_yeh提供巨巨切除惡性組織肉瘤前後的照片

▪ 毛囊瘤

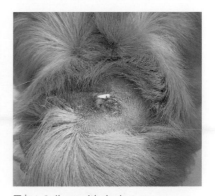

天友：@smile151251提供肥肥的毛囊瘤照片

天友：@yikuanwithpiggies
提供小鼠的毛囊瘤照片

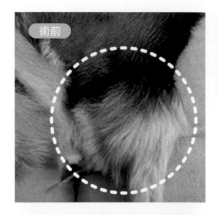

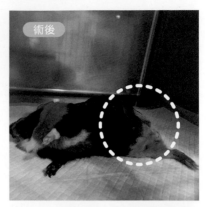

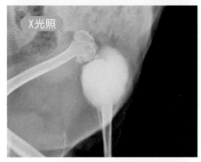

天友：@杜珮瑜提供小佑切除惡性骨肉瘤前後的照片

▪ 膿包 ••

膿包的外觀跟腫瘤有點像，有時候同一個患處甚至會同時發生兩個膿包，但要先確認是腫瘤還是膿包，這得交給專業獸醫診斷。

天友：天天好萌@cavy221b 提供的亞瑟摘除腫瘤&膿包記錄照片

天友：@ayaohuang 提供米開
取出膿包硬塊手術後的照片

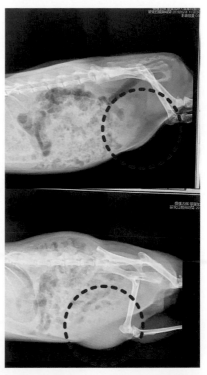

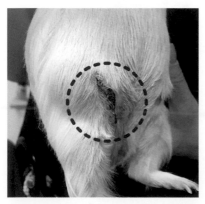

天友：@guineapig_tiantian 提供天天因為蟹
足腫而產生膿包的記錄照片

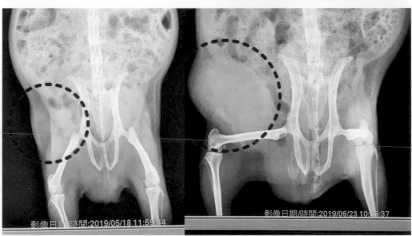

▪ 疝氣

因為發現摸摸二哥的鼠蹊部多了一顆團塊，回診時請醫生檢查，醫生透過觸診、X光和超音波，確認那一顆是膀胱，天竺鼠的鼠蹊部因為肌肉壁不容易運動到，加上摸摸因年紀大而肌肉量更少，導致膀胱掉到了鼠蹊部，但因為疝氣很有可能造成器官壞死，所以我們隔天就儘速請醫生進行手術。

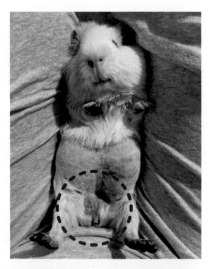

◀發現摸摸鼠蹊部有一顆圓圓鼓鼓的團塊

◀▼摸摸疝氣手術後

▪ 毛球症

一般來說，天竺鼠不需要跟兔兔一樣吃化毛膏，但某些特殊案例是可以吃，例如：因壓力大而過度理毛、搔癢理毛造成毛髮吃進肚子裡排不出來。米圓麻麻是因為發現米米一直在咬毛，請醫生觸診後發現體內有一顆結實的物體，開刀將腹部及胃切開後發現毛糞石（毛和許多吃進去的東西結合在一起，形程很像石頭的團狀物），所以當發現天竺鼠有異樣時，要儘快帶給醫生診斷確認。

天友：@guineapigggggggs 米圓麻麻分享米米的病例

天竺鼠就醫的時候需要注意什麼呢？

- **選擇非犬貓的動物醫院**：目前多數獸醫院還是以犬貓為主，但天竺鼠的治療方式及用藥與犬貓不太相同，例如：抗生素amoxicillin會讓天竺鼠致死，但卻是犬貓治療的常用藥。所以選擇非犬貓的專科醫院非常重要。

- **有24小時急診的動物醫院**：有24小時急診的動物醫院不多，會看天竺鼠的非犬貓醫院更是少之又少，建議在平日就先整理好名單，有時難免在假日或晚上遇到突發狀況，急診可以先做初步的治療，例如：止血、吸氧、給予止痛藥等讓天竺鼠先獲得較舒緩狀態，等專科醫院營業時再轉診過去。

＊急診時總是緊急又混亂，主人除了要保持冷靜，在醫生用藥前也要跟醫生確認是不是天竺可以用的藥，避免發生憾事喔！

- **外出籠**：挑選安全堅固的外出籠，天竺鼠是容易感到緊張害怕的小動物，所以建議是可以遮蔽看不到外面的類型，讓天竺鼠比較有安全感。

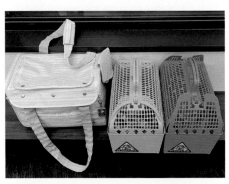

▲左邊是布質的外出籠，右邊是CP質很高的塑膠材質外出籠，因為材質有點軟軟的，很容易被天竺鼠啃咬，要特別注意

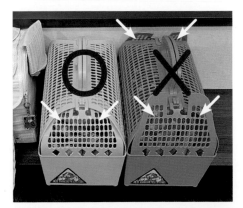

▲另外要特別提醒大家，使用這種外出籠要把耳朵塞進去才不會讓天竺鼠有縫隙可以鑽出來

▪ **小毯子、小被被**：除了可以讓天竺鼠在外出時躲藏比較安心之外，看診時用毯子包著保暖也比較安全。

▪ **暖暖包**：冬天出門就醫的時候要注意保暖，可以在外出籠中放暖暖包，但小心不要直接讓天竺鼠接觸，避免高溫燙傷及天竺鼠咬破誤食。

▪ **小電風扇或冰寶**：夏天出門就醫的時候要注意避免中暑，可以帶著可充電的小電風扇，或是在外出籠中放冰寶，冰寶要包一層布，除了可吸水也能避免天竺鼠凍傷。

▪ **食物、水瓶**：前去看診的路途及等候看診可能會需要一段時間，備妥糧食及水比較保險。

▪ **準備好糞便、尿液**：如果是要健檢或是看糞便、尿液等問題，要在看診前先收集好便便及尿液，便便可以用小夾鏈袋裝起來、尿液可用乾淨的針管採集後冰在冰箱冷藏，糞便跟尿液都是越新鮮越準確，建議出門看醫生前先準備好，因為有些天竺鼠一出門可能會緊張到不便便尿尿。比較保險。

▪ **正確的心態**：動物醫院不是服務業而是醫療專業，若有任何疑問想要請教，只要有禮貌的詢問，相信醫生都會盡量回答，大家一起維護已經很稀少的非犬貓醫生吧！

▲帶去健檢時可以用夾鏈袋把便便裝好

　　建議每半年就帶天竺鼠去做健康檢查，健檢除了可以提早發現問題之外，也可以趁健檢的時候踩點新醫院，畢竟醫院也有休息的時候，任何網路評價都比不過實際感受，留下病歷也使之後的就診治療有齊全的資訊。另外就診有疑慮的時候可以多詢問或是換一間獸醫院就診諮詢，就像人類治療時，不同醫生會有不同的觀點，天竺鼠不會講話更有可能遇到治療時有不同的觀點。

屁股臉家看診的小·故事

她會咬人,請務必小心…

好的,我知道了

絨絨就給我帶她去拍X光

外面稍等喔

是錯覺嗎?

妹妹今天都往醫生身上蹭

也很配合,都沒暴衝…

很不舒服吧?辛苦了…

嗯!?
真的假的?

拍好囉!
她很乖很配合
還舔我呢♥

欸!之前被妳咬爆的醫生
妳要怎麼解釋…

哈～啾!!!

嗯?

結紮是必須的嗎？——預防疾病經驗分享

公天竺鼠

　　公天竺鼠大約在兩月大的時候就有生殖能力而且隨時都會發情，結紮手術與母天竺鼠的相比之下較為單純，只需要摘除兩邊的睪丸（俗稱蛋蛋），只要觀察到蛋蛋明顯掉下來、體重至少600公克以上的時候，就可以帶去給獸醫生確認，看適不適合進行結紮手術。

結紮前

結紮後

天友：@budathepig 提供大佛大蛋蛋結紮前後對比照片

公天竺鼠結紮可預防

1 公天竺鼠因為容易乳腺增生，結紮後可以降低乳腺增生機率。

2 預防老年時屁囊鬆弛，導致卡便便發炎（但如果中老年才結紮可能已經鬆弛而沒有預防效果）。

3 公天竺鼠的屁囊有腺體會產生氣味濃厚的皮脂，在發情時會散發出濃厚的「男鼠漢氣味」，結紮可以降低發情，進而減少氣味。

④ 預防睪丸癌等生殖器官疾病。

⑤ 結紮後體內性荷爾蒙缺乏，情緒
　比較不會受到性荷爾蒙影響。

⑥ 避免讓同居的母天竺鼠懷孕當阿公阿嬤（母天竺鼠大約
　3～5週大就開始可以受孕，未結紮請避免讓牠們公母同
　居）。

＊公天竺鼠結紮後輸精管裡面可能還會殘留精子，剛結紮完建議分籠，除了
　休養，也避免殘留的精子造成母天竺鼠懷孕，結紮後至少要等一個月之後
　才能合籠。

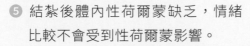

結紮後還是會有騎乘動作或射出精液嗎？

　　答案是會的，但是精液裡面已經沒有含精子，例如摸摸在
一歲的時候結紮，但七歲半的時候還是會射出液體（凝固後會
像是矽利康，會黏住布不好清理）。

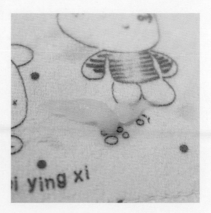

母天竺鼠

　　母天竺鼠在一個月大的時候就可以受孕，而母天竺鼠的結紮手術過程比較複雜，可分為拿掉卵巢及部分子宮（背開、側腹開）以及拿掉卵巢及子宮（腹開）等兩種方式。因為母天竺鼠的結紮手術風險較高，常常讓飼主陷入兩難，但未結紮的母天竺鼠卵巢囊腫的機率非常高，通常發現病變的時候已經是中老年，手術、麻醉風險比較高而且術後也比較難照顧，建議是在青壯年時期就進行手術，這算是最佳時機。

母天竺鼠結紮可預防

1. 避免子宮蓄膿、卵巢囊腫等生殖器官病變。
2. 避免懷孕，懷孕對母體而言，除了消耗很多能量之外，沒有生育過的母天竺鼠骨盆會在年紀八到九個月大的時候閉合，如果這時候不小心讓母天竺鼠懷孕，很容易難產造成媽媽及小孩的危險。

手術方式優缺點

1. 背開、側腹開：傷口小、比較好照顧及護理手術傷口，因為傷口不是在腹部，懶懶的天竺鼠在躺和趴的時候比較不會弄髒傷口，而且傷口比較小所以疼痛感較低，術後也比較不會因疼痛而拒絕進食；但因為這種結紮手術的方式是透過小開口拿掉卵巢、輸卵管、部分子宮，讓子宮自行萎縮，因為不是拿掉完整的器官，所以殘留的器官還是有可能病變，但因為體內器官的病變不好發覺，通常發現的時候年紀已經大了，再次手術可能會撐不過，或是有天友分享離世後解剖才知道是因為病變的關係。

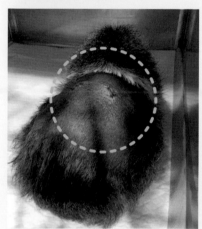

▲◀絨絨妹妹與爆爆快滿一歲的時候進行背開結紮手術

❷ **拿掉卵巢及子宮（腹開）**：傷口大且在腹部，懶懶的天竺鼠可能會直接沾到屎尿比較不好護理，傷口比較大也會讓天竺鼠感到更大的疼痛感，可能會因疼痛而不肯進食，需要比較費心照顧術後傷口及生理狀態；這種結紮手術方式透過腹開的大傷口會完整的拿掉卵巢、輸卵管、卵巢，比較不用擔心殘留器官病變的問題，但大傷口的術後照護也常讓飼主卻步。

　　屁股臉家的小屁鼠們都是大約一歲的時候進行結紮手術，姆姆跟摸摸拿掉蛋蛋後濃厚的男鼠漢味直接減半，便便也因為屁囊萎縮的關係比較小顆；在術後照顧上男生因為只有蛋蛋拿掉的兩個小傷口，照護上相對簡單很多，只要保持環境清潔、按時吃醫生開的消炎藥、避免屁鼠舔咬傷口（無法防止可以戴上頭套），基本上傷口就可以很快的癒合。

　　關於女生的結紮，當時姆姆媽也是難以選擇手術方式，但因為考量到姆姆爸還在化療住院，只有我一個人照顧小屁鼠們，最後絨絨跟爆米花的手術方式是選擇背開的方式，背開因為只有背上的兩個小傷口，傷口照護上相對方便很多，但很不幸的在結紮的四年多後絨絨遇到了後遺症，當時遇到的事情是這樣。

　　絨絨在五歲半的時候出現了血尿的狀況，急診時醫生觸診摸到腹部有團塊，X光也看到有陰影，覺得有點懷疑絨絨是不是沒有結紮，隔幾天帶回常看診的醫院，醫師觸診摸到妹妹腹部的腫塊，也覺得是生殖系統的問題，原本要去其他家醫院照膀胱內視鏡但剛好他們休息三天，接下來兩天妹妹開始不太吃喝，無計可施的狀況下姆姆爸決定請醫生開刀看看，結果還好有開刀！因為開刀後看到腹部的狀況有點複雜……

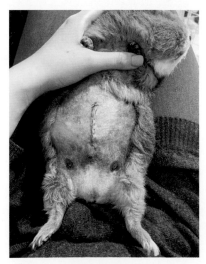

▲蒙蒙結紮完第一天時消毒傷口

118

之前在別間醫院背開結紮的時候，只拿了卵巢跟部分組織，但因為子宮沒拿所以生殖系統沒有萎縮，然後疑似輸卵管的條狀組織切口長出肉芽沾黏到大腸增生了腫瘤，所以出血從尿道排出血尿，然後我們從以前一直以為的排尿困難其實是排便困難，因為那疑似輸卵管的條狀組織還有纏繞到大腸，大腸被纏繞到都缺氧變紫，所以從結紮後妹妹的排便就很不順暢、便便很小顆，連腹部比較大也是因為這個原因，然後腫瘤還壓到了腎臟，之後也要繼續觀察追蹤腎臟，這次處理因為病變的關係傷口比腹開結紮的傷口還要大很多，所以之後的蒙蒙結紮我們直接二話不說選擇了腹開。

　　蒙蒙結紮的時候雖然也是開腹部但因為沒有病變，所以傷口比妹妹還要小，其實腹開照護方式是一樣的，只要注意保持環境清潔、按時吃藥消毒傷口、注意牠們有沒有舔咬傷口，如果有食慾精神變差的時候趕快回診，傷口也是一週差不多開始癒合結痂。

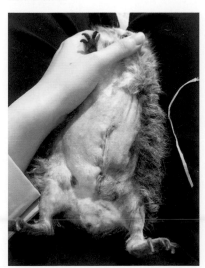

　　以上就是我們發生及遇到的事情，單純經驗及心得分享，必須特別強調的是，**不管是什麼手術及麻醉都會有風險**，飼主只能自己評估判斷做選擇，沒有什麼是一定好或者一定不好，任何決定的風險都必須自己負責喔！

▲因為需要消毒傷口，所以讓妹妹靠著我兩腿間的縫隙

天竺鼠懷孕了怎麼辦？

母天竺鼠大約3～5週大就可以受孕，而公天竺鼠大概在2個月就可以繁殖，所以常常會有天友分享認養、購買回來的天竺鼠，過了一陣子就生寶寶了，如果遇到了上述事件或是計劃想養育下一代天竺鼠，需要注意以下事項：

1. 母天竺鼠的骨盆會在8到9個月大的時候開始閉合，沒有生育過的母天竺鼠年紀越大懷孕，風險會越高。另外要避免過度及近親繁殖。
2. 適合交配生育的年紀是5到8個月。
3. 交配後母天竺鼠的陰道口會被公天竺鼠的精液形成一個栓塞給塞住。
4. 交配受精後大約14天開始，母天竺鼠的腹部明顯變得豐滿圓潤。
5. 懷孕中要記得將公母分離，避免公天竺鼠打擾到懷孕中的母天竺鼠，環境也要保持安靜，可以提供柔軟且能遮蔽的小窩讓天竺鼠媽媽安心養胎。
6. 可以提供高蛋白質、高鈣的食物給天竺鼠媽媽食用，但注意份量不要過多，胎兒過大也容易讓媽媽難產。
7. 天竺鼠的孕期大約是2個月。
8. 天竺鼠寶寶一出生就有毛髮、眼睛張開、可以走動，也可以吃固體食物，所以對母奶的需求沒有那麼強烈，但天竺鼠媽媽還是會哺乳大約21天左右，因為一出生寶寶就會行走，所以建議這時候要換掉網格型的踏墊，避免寶寶們的小腳掉下去卡住。
9. 天竺鼠媽媽可以跟寶寶們一起吃幼天飼料補充營養，有點像幫天竺鼠媽媽坐月子。
10. 母天竺鼠分娩完可以馬上受孕，所以千萬不要跟尚未結紮或剛結紮完的公天竺鼠放在一起，不然對母天竺鼠的身體是非常傷的。

天友@imyes 分享認養茶茶丸時，前飼主沒有將公母分籠，導致當茶茶丸年紀還很小時就懷孕，因為天友的警覺，及時發現茶茶丸已經懷孕，因為年紀太小醫生判斷有可能會難產，還好最後母子均安，天友呼籲請大家領養回來務必要先健康檢查，還要做好分籠跟結紮。

▲剛被認養的茶茶丸，可以看得出臉龐非常稚嫩

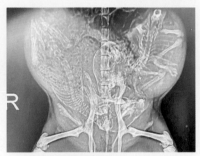

▲茶茶丸小媽媽照X光

▲茶茶丸小媽媽照超音波

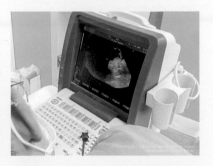

▲年紀還是少女的茶茶丸，小小的身體承載著大大的肚子，很辛苦

▲還好最後茶茶丸與寶寶們母子均安

　　天友@mikanwu0528分享救援寵物店天竺鼠NinNin懷孕時
期及寶寶們的照片。

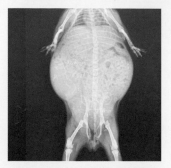

▲NinNin懷孕中的X光照片

▲可以看出懷孕中NinNin
懷孕的肚子非常大

▲NinNin懷孕生產前一天的
體重

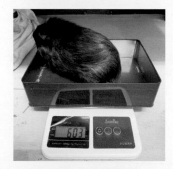

▲NinNin生產後的體重

▲剛出生的小寶寶們

▲剛出生的小寶寶們

▲天竺鼠的胎盤

▲NinNin跟剛出生的寶寶們

▲哺乳中

▲寶寶們出生就會開始學著吃固體
食物

▲NinNin媽媽跟寶寶

天竺鼠老了怎麼辦？

天竺鼠大概在三、四歲的時候開始進入老年期，但這時侯變化還不會很明顯，通常是五歲之後可以觀察出明顯的變化，例如眼睛開始有些混濁沒有那麼清澈、體重慢慢下降、肌肉量下降、脊椎比較凸出、跑步速度變慢、後腳出現外八的姿勢、照X光會看到骨刺、比較硬的食物咬不動或者直接不吃等老化跡象。因為每一豬的老化速度以及發生的問題不同，所以需要針對個體去做改善，例如：

- **肌肉量下降**：預防勝於治療，平時的環境就要提供足夠讓天竺鼠跑跑的空間，讓天竺鼠多運動才不會肌肉退化那麼快，老年天竺鼠可以餵食少量的苜蓿補充營養。

＊有尿砂、結石症狀或體質是容易結石的天竺鼠，就不適用餵苜蓿這個方法。

- **體重下降**：肌肉量下降導致體重也跟著下降，另外也有可能是因為老化吸收不好，只要老天竺鼠食慾精神良好，緩慢的下降體重都是正常的現象。

- **退化性關節炎**：走路姿勢越來越外八或是走路時因為疼痛發出聲音，建議看醫生及雷射治療，家裡的佈置也盡量保持平坦避免讓牠們跳上

▶摸摸因為退化性關節炎的關係，後腳常常會用奇怪的姿勢擺放，照片是摸摸為了搶吃草莓不顧後腳擺放位置

跳下，墊材也要選擇不要太硬太滑的材質，可以使用短毛雪尼爾，讓老天竺鼠比較好支撐行走。另外，可以選擇含以下成分的保健食品：葡萄糖胺、軟骨素、玻尿酸、甲基硫醯基甲烷、薑黃。

以下是鏟屎官(@54ooolen)分享9歲多歐練的關節炎變化。

▲還勉強可以走時的腳，休息時多為直接坐下，以防起不來

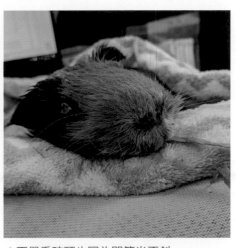

▲更嚴重時頭也因為關節炎歪斜

▲頭抬不太起來，無法自己進食

▲劈腿

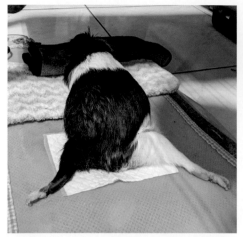

▲劈腿

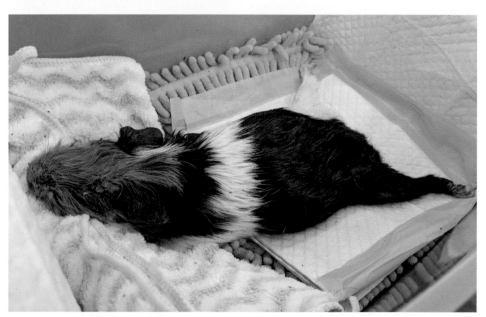

▲腳趾因關節炎及長期趴地而變形得更嚴重

▲看病時的布置也與健康天竺鼠不同，箱子要有足夠的劈腿空間

- **咬不動食物、不吃東西**：咬不動食物可以試著將食物剪成好
  入口的大小，或是將飼料泡軟、牧草可以放軟葉較多的三
  割，看看老天竺鼠的進食狀況有沒有改善，不吃東西的話也
  是很危險的，建議帶天竺鼠就醫檢查。

家中常備的輔助用品

以下是屁股臉家的常備輔助用品：

- **指甲剪**：寵物用的指甲剪或人類用的指甲剪都可以，只要是主人幫天竺鼠剪指甲剪得順手即可！

▲單人剪指甲時可以拿一個軟墊放在腿上，用手托著天竺鼠的胸前，讓天竺鼠背靠著你的身體，天竺鼠的屁股跟後腳放在軟墊上不要讓牠們腳腳懸空

▲剪指甲前，指甲已經超出血管很多

▲剪指甲後，指甲長度在血管前面一點

很多天友都說買了寵物用的指甲剪因為用得不順手，買後都沒有再使用，其實可以用來剪比較硬的草餅或保健食品，比一般剪刀還好剪喔！

▪ **止血粉**：天竺鼠的指甲裡面因為有血管，如果是黑色指甲容易不小心剪到血管，這時候使用止血粉就可以快速的止血，如果有小傷口也可以使用止血粉。

▪ **針管**：平常吃藥的針管可以留起來餵食草粉、出外時方便餵水，未拆封的針管還可以備用，在有狀況時可蒐集尿液。

▪ **草粉**：天竺鼠在一直不進食的狀況是非常危險，因此家裡可以備有草粉，在需要時可以加水混成草泥餵食，草粉與水的比例可自行嘗試，因為每一隻天竺鼠的接受的草泥濃稠度不一樣。平時可以多買幾種草粉嘗試，也可以將草粉混合保健食品一起餵食。屁股臉家的常備品牌：OXBOW、MOMI、艾茉芮草食恢復期。

- 營養粉：草食營養粉目前市面上選擇不多，目前屁股臉家也只有買過艾茉芮草食加護期，營養粉比較適合已經無法進食或進食量很少的虛弱天竺鼠，因為營養粉是設計用來補充營養，建議混合草粉一起給予，使用營養粉前先諮詢獸醫師。

- 磨藥器（切藥器）：可以用來磨碎或切碎小屁鼠們不吃的保健食品，可以磨碎後混入草泥一起餵食。

- 維生素C錠：天竺鼠因為不會自行合成維生素C而需要另外補充，如果蔬菜水果給予不足的話，也可以用維生素C錠補充。

- 乳酸菌、益生菌：可以補充天竺鼠腸道內的好菌，維持腸道內的健康，但因為酸酸甜甜適口性佳，小心不要餵食過量，除了造成攝取過多熱量，還可能拉肚子。

- 滲透壓水：一般外出、輕微拉肚子時可給予低滲透壓水（如：一般開水），但若嚴重拉肚子時可給等滲透壓水（如：離子水，有點像人類喝的運動飲料）。

　　另外也可以依照每一豬天竺鼠的狀況準備不同的保健食品，例如：

- 泌尿保健：有泌尿道、尿砂等問題可以吃相關的保健食品輔助，像人類的泌尿保健食品一樣，通常會有蔓越莓成分。

- 關節保健：通常中老年的天竺鼠會有退化等關節問題，保健食品可以幫助延緩或是舒緩關節問題。

- 免疫力保健：壓力、生病、手術都會造成免疫力低下，可以餵食看看免疫力相關的保健食品。

以下範例是霞霞因為有尿砂所以會給予泌尿錠，但因為霞霞不會自己吃錠狀保健品，所以把泌尿錠磨成粉加入草粉中方便餵食，此方法被天友們戲稱是巫婆湯，製作巫婆湯的步驟如下：

STEP 1

用切藥器將大顆的泌尿錠切開（比較好磨粉）。

STEP 2

用磨藥器磨成粉。

STEP 3 加入草粉並用溫開水泡成泥狀，水跟草粉的比例是一比一，但主要還是以天竺鼠會吃的濃稠度為主。

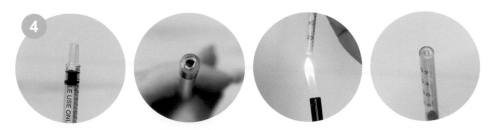

STEP 4 將針管前端剪掉，用打火機稍微融化粗粗會刮嘴的地方。

STEP 5 這樣就可以方便的餵食牠們不吃的保健食品了！

　　願意自行吃藥、吃草粉的天竺鼠，可以維持牠們平常趴著的姿勢，但是遇到抵死不吃藥或是已經不願意自己進食的天竺鼠，可能就要用灌食的方式，因為天竺鼠脊椎不適合仰躺，仰躺灌食也容易嗆到，建議用以下的方式進行灌食：

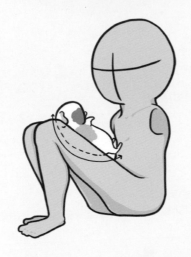

　　飼主坐著並且屈膝，兩腿中間呈現微微的山谷狀，讓天竺鼠的背部可以穩定的靠著飼主的大腿，如果天竺鼠會掙扎得很用力，也可以先包著毛巾穩定再進行灌食。

住

天竺鼠的窩這樣準備！

基本的環境規劃

籠子

　　一隻天竺鼠最基本需要60公分X60公分大小的空間，籠子有以下幾種類型提供參考。

- **兔籠**：現成的兔籠準備方便，但籠子尺寸只適合住一隻天竺鼠活動，底板有縫隙太大的風險，建議要額外鋪上尿布墊或是腳踏墊。

- **網片**：國外稱為Cagetopia C&C Cages，是一種經濟實惠而且機動性高的方式，可以隨意更改網片的區域來符合現況。網片分為烤漆跟塑膠皮，因為天竺鼠很可能會啃咬網片，所以建議買烤漆型的網片，需要另外鋪軟墊及尿布墊，因為是平面的構造，方便打掃但較沒辦法妥善利用空間。

- **網片+層架**：網片的進階版，可以有效的利用空間但不易打掃，邊邊角角容易卡穢物，打掃時需要多費點心思。

- **放養**：直接讓天竺鼠在家裡自由活動，優點是有足夠的活動空間可以跑跑，也可以隨時親近主人，但要注意不要壓傷天竺鼠及小心天竺鼠誤食家中小東西，另外如果不會定點上廁所的話，可能會家中到處都有便便尿尿，導致打掃範圍大，可能會漏掉該清潔的位置。

腳踏墊

　　天竺鼠的小腳腳很脆弱，如果長期踩在過硬的材質上，可能會引發足底炎及關節炎，骨頭纖細的天竺鼠也容易卡到骨折，所以選擇腳踏墊非常重要。鐵絲網、鐵條那種材質絕對不合格，以下各種地墊都是目前天友們常使用的腳踏墊。

- **浴室排水墊**：下圖左編號2的這種綠色排水墊雖然可以讓便便直接掉下去，但塑膠網很細且材質很硬，對天竺鼠腳底板的壓力較大，容易產生足底炎，縫隙太大也有可能使腳卡住而骨折。編號1的這種排水墊則有濃烈的塑膠味，雖然材質摸起來好像柔軟一點，但其實上面的格紋對天竺鼠嬌嫩的腳底板來說還是很粗糙，而且因為材質比較軟一些，所以有些天竺鼠還會去啃咬，加上孔洞比較小導致便便不易掉下去，兩款排水墊都不太適合。

▲屁股臉家一開始有使用過排水墊，那陣子姆姆和摸摸的腳底板都會紅紅的，因此不推薦

- **兔籠的腳踏墊**：使用現成兔籠的腳踏墊，便便直接可以掉下去，雖然材質跟浴室排水墊相比下較平坦，但對天竺鼠來說縫隙還是太大，天竺鼠的腳腳容易掉下去卡住，所以兔兔用的腳踏墊也不推薦給天竺鼠使用。

- **大創的廚房瀝水墊**：踩起來平坦但對天竺鼠而言會有點滑，尿液跟便便可能剛好積在沒有洞的地方流不下去，但洞的大小不會讓成年天竺鼠的腳掉進去，雖然可以拼接但因尺寸固定所以不好切割，加上會滑又是偏硬的塑膠，所以不建議給老年天竺鼠使用。

- **拋棄式尿布墊**：可以迅速地吸收尿液並直接拋棄，外出或聚會時非常方便，也適用在手術或生病中需要快速更換清潔的時候，但很多天友都表示自己家的天竺鼠會去啃咬、吃尿布墊（我們家摸摸也超愛），雖然打掃方便但無法重複利用，算是較不環保的腳踏墊。

• **布質尿布墊**：柔軟的布面可以吸收尿液，但各家尿布墊的材質都不太相同，除了尿液的吸收速度快慢，有些表面會卡草、有些表面雖不會卡草但對老年天竺鼠來講會太滑，建議天友們可以多家比較。清洗後曬乾就可以重複利用，建議最下層可以搭配巧拼、瑜珈墊等材質，讓天竺鼠更舒適，同時兼顧經濟和環保，是最推薦的選擇。

• **雪尼爾**：會吸水也很柔軟，是天竺鼠很喜歡的材質，但通常只有腳踏墊的大小，可與布質尿布墊搭配一起使用。

食盆

可以選擇像是陶瓷做的食盆器皿，清洗方便比較不會藏汙納垢，有些天友會使用菸灰缸當食盆，因為天竺鼠食盆的主要條件是底面要大及有些重量，比較不容易被天竺鼠打翻，食盆的邊緣不要太高，這樣天竺鼠吃飼料時才不用爬上食盆，用一般四肢站立的姿勢就可以輕鬆進食。

飲水器

成年天竺鼠每天大約要喝100ml/kg的水，並且要是煮沸放涼的乾淨開水，但因為個體差異，每一豬喜歡喝水的方式不一樣，如果發現天竺鼠喝水不多的時候，可以考慮換個飲水器試試看。

▲飲水器正面

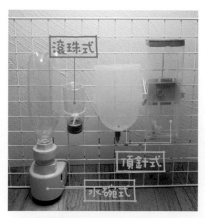

▲飲水器背面

- **頂針式**：在飲水器前端有一根針狀設計，天竺鼠用舌頭往上
  輕頂就會有水送出來，需要仰頭喝水，由於出水量較大而較
  容易嗆到，但因為水不會往回流，可以保持水瓶內的水質乾
  淨。

- **水碗式**：符合天竺鼠原始的喝水方式，但因開放式的水碗容
  易被汙染，需要常常注意有沒有異物（例如便便）掉入而汙
  染水質。

- **滾珠式**：飲水器前端有一顆滾珠，天竺鼠只要舔動滾珠就會
  有水出來，出水量不大，不容易嗆到，但滾珠有可能讓天竺
  鼠舌頭上的食物殘渣滾回水瓶中。外出攜帶方便，較不易外
  漏。

草架

　　草架的用途在於輔助整理環境及比較不會讓草被便便尿尿沾染，也方便讓天竺鼠取草食用，分享以下幾款市面上常見的草架。

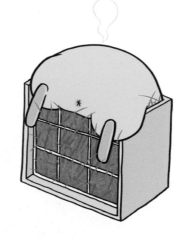

▪ **一般網格草架（不建議）**：常見的網格草架比較適合兔兔使用，天竺鼠的話可能會從草架上方倒頭栽吃草，有可能會卡住無法爬出。

▪ **彈簧夾式草架**：
草是以網片夾住
的方式置放，天
竺鼠更容易直接
吃到草，但要注意不要夾太多草，可能會造成網片跟牧草之間的出現空隙，讓天竺鼠鑽入而被夾住，只要不要放置過量的牧草，基本上是安全無虞。

- **草袋**：如果開口太大可能直接會變成天竺鼠的睡袋。

- **牧草球（危險！強烈不建議）**：因為天竺鼠的頭骨很小，國外常常有天竺鼠的頭卡進牧草球出不來的案例，為了避免憾事發生，請不要使用牧草球。

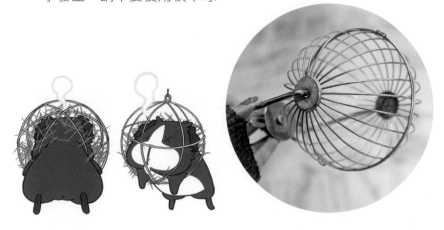

- **大草原式**：根據我們家觀察下來，用草架會使天竺鼠吃草量減少，所以之後都採用大草原模式（直接將牧草灑放在地上），雖然吃草量有增加，但缺點就是常常要打掃並更換新牧草，因為牧草可能會沾染到大小便。

▲用大草原式可能會像妹妹一樣直接躺在牧草上睡覺，或是像霞霞一樣當野戰兵玩牧草

便盆

　　雖然大部分的天竺鼠都隨心所欲的在任何地方自由大小便，但還是有少數的天竺鼠會使用便盆喔！目前市面上的便盆幾乎都是設計給兔兔，所以便盆上的踏網縫隙會比較大或是太硬，建議可以選擇方型塑膠踏網的便盆，這樣比較不會卡住、傷害到牠們脆弱的腳腳。如果空間允許，建議買大一點的便盆，可將食盆、飲水器安置在上面，使用便盆的機率也會大大提升。

▪ **適合天竺鼠的便盆**

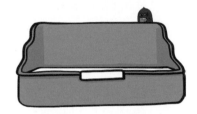

▪ **不適合天竺鼠的便盆**

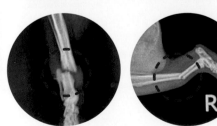

天友：@陳寧分享因為便盆卡腳骨折的照片

清潔便盆尿垢的心得

　　這個方法也也適用在腳踏墊上的尿垢，因為姆姆媽很懶得等，所以都是用以下的方式快速刷洗乾淨，不用浸泡等待喔！需要準備的道具有：食品級檸檬酸、廢棄的牙刷、水。

❶ 先將檸檬酸用碗裝起來並加入一點水，水量只要足夠讓檸檬酸稍微溶解就好，檸檬酸還有顆粒沒關係（就是要這種濃縮的效果）。

❷ 用牙刷沾取濃縮的檸檬酸水直接刷，尿垢比較多的地方可以倒多一點檸檬酸水反覆刷。

❸ 刷完用水沖洗乾淨擦乾，就是一個乾淨的便盆了！

天氣太熱怎麼辦？

　　天竺鼠的籠子雖然要在通風處，但千萬不能放在室外或是陽台等地方，因為當溫度超過攝氏30°C的時候天竺鼠有可能就會中暑，提供以下幾個讓天竺鼠消暑的方法：

- **剃毛**：天竺鼠因為不會依照季節換毛，所以在夏天時也會披著同一件厚厚的毛皮大衣，毛髮可以保護皮膚，但是台灣的氣候太過潮濕悶熱，剃掉毛髮除了可以幫助體表溫度降得比較快，也可以讓底層的皮膚不會悶住。

- **散熱墊、大理石墊**：安全不用插電的消暑方式，散熱墊（其實就是鋁板）跟大理石墊的表面都太光滑不好行走，所以天竺鼠可能會避開不去而不知道那是涼涼的東西。另外大理石墊重量很重，搬移有點不方便。

▲◄大理石
▶散熱鋁板

- **放結冰的寶特瓶或冰寶**：這是最直接的消暑方式，但要避免天竺鼠直接碰觸而凍傷、水氣凝結導致太潮濕，建議用布包起來吸水及避免直接讓天竺鼠碰到冰塊。

- **電風扇**：通風散熱的好家電，但要避免直接吹向天竺鼠，可以朝著牆壁來吹風散熱。

- **冷氣**：可以保持恆溫及全面性的室溫，但耗電又不環保，可選擇變頻一級的省電冷氣機型與搭配循環扇。

天氣太冷怎麼辦？

天竺鼠怕熱也怕冷，適合的環境溫度是攝氏20°C至26°C，但如果沒低到20°C就看到天竺鼠縮著炸毛的樣子，就可以提供保暖設施給牠們，看有沒有改善縮著炸毛的情況，建議保暖方式如下。

▪ **毛毯、小窩**：除了提供基本的保暖之外還可以躲藏，但缺點是離開了就沒有保暖作用。

▲蒙蒙在南瓜窩裡睡覺

▪ **拋棄式暖暖包**：最多只能維持24小時並且只提供局部小範圍的熱度，比較適合外出時使用，要注意避免天竺鼠直接碰觸暖暖包造成燙傷，也要注意牠們可能會咬破暖暖包。

▪ **保溫燈（不發光）**：陶瓷發熱燈泡搭配像檯燈燈罩般的保溫燈罩使用，提供熱度範圍比較廣，也有斷電設備及控溫設備，在緊急需要保溫的時候很方便。

▶姆姆爸烤保溫燈

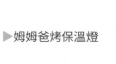

但要小心陶瓷燈泡非常燙，建議要放置在天竺鼠完全碰不到的高度或是隔著籠子會比較安全。另外市面上也有會發光的發熱燈泡，但讓天竺鼠長期近距離看這麼亮的燈泡可能會導致眼部疾病，所以要選擇不發光型的發熱燈泡。

- **暖氣機**：比保溫燈安全且不會燙到，提供的熱度範圍更廣一些，但也是吹到的地方溫暖，沒有吹到的地方還是會冷，耗電量也比較大。

- **冷暖氣機**：購買費用是目前的保暖方式中最高的，但是冷暖氣機是可以讓整個室內保持一樣的溫暖，耗電量甚至比暖氣機低。

其他輔助家電

- **除濕機**：台灣環境潮濕環境，天竺鼠很容易有皮膚相關的問題，建議環境比較潮濕的家中一定要開除濕機（例如台灣的北部）。

- **空氣清淨機**：對於氣味或是支氣管比較敏感的飼主，可以選擇購入空氣清淨機改善，另外目前也有除濕機附帶空氣清淨等功能的機型可以選擇。

- **監視器&攝影機**：除了平日上班時可以遠端觀看屁鼠們的情況，也可以利用回放功能查看之前發生什麼事情，例如之前摸摸尿出了色素尿，但是我們不知道到底是哪一豬尿的，回

放之前的記錄發現摸摸在色素尿那一攤的位置做出尿尿的動作，才能很快的鎖定觀察摸摸後續狀況。也可以擷取來不及拍的有趣畫面！

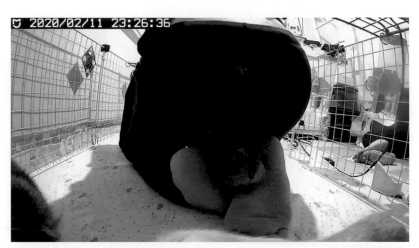

▲姆姆爸打掃的時候霞霞鑽姆姆爸的胯下

▲霞霞在籠子後方撕上面沒有牠的春聯貼紙

天竺鼠建窩 ing

　　從一開始只有養姆姆一豬，然後因為成員的增加，開始了幾次的籠子改造以及我們房間的改造，以下是我們家的改造史。

‧ **姆姆爸手工木製籠**：最一開始屁股臉家的籠子是姆姆爸手工製作，下面是一個木頭框架上面加上網片圍住，在木頭框架的腳上裝上輪子方便移動，此時的腳踏墊是使用浴室排水墊，讓便便尿尿可以隔離掉到最下面的拋棄式尿布墊，每天更換丟棄最下面的尿布墊。

‧ **層架+網片、木製籠**：因為增加了新成員絨絨和爆爆，所以利用層架搭建了架高的籠子，此時的腳踏墊是用大創的廚房瀝水墊，也是讓便便尿尿掉到最下面的拋棄式的概念，每天更換尿布墊。

▪ **層架＋網片**：隨著孩子們長大發現原本的空間不太夠，於是用60公分 X 122公分大小的層架加上網片，改造成有三層樓的集合式住宅，層架最上方還可以放置牧草等物品，收納方便節省空間，平日也是讓便便尿尿掉到最下面的拋棄式的概念，每天更換尿布墊，但大掃除的時候不太方便，需要拆掉網片及瀝水墊去刷洗。

▪ **網片+尿布墊+巧拼**：屁股臉家最後定型的籠子模式，因為發現姆姆摸摸的腳底板長了硬繭，而且小屁鼠們的個性脾氣比較穩定，嘗試大合籠也成功了，所以開始又再次改造籠子，最終版的籠子組成如下圖：

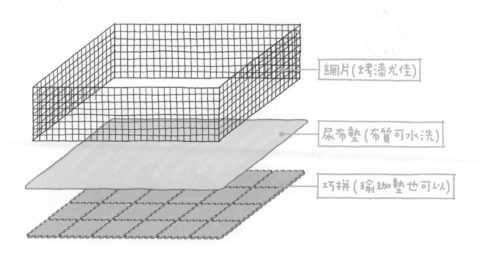

網片(烤漆尤佳)

尿布墊(布質可水洗)

巧拼(瑜珈墊也可以)

天竺鼠需要平坦且足夠跑跳的居住空間，不適合做成二樓的形式來擴增籠子，但姆姆媽的房間只有不到三坪大，甚至房間入口還在斜邊上難以使用，於是有限的預算下除了屁鼠們的籠子要改造，還必須開始進行姆姆媽的房間改造！

▲最終版的好處除了打掃方便，也方便跟屁鼠們互動培養感情喔

姆姆爸過去的室內設計工作經驗談

首先就是做好斷捨離！好好地審視目前留下來的所有物品，空間和時間絕對是最難得可貴的東西，像我們原本的雙層床上鋪的部分堆了很多完全沒用的雜物，我們判斷眼前的東西是否該留的條件如下，提供參考：

1 是否在1～2年內會使用到。

2 是否具有無可取代的回憶、可量化價值等。

3 是否有過多能輕易在市售通路上找到並替代的用品。

4 丟棄這項物品是否會對目前生活造成直接影響。

若眼前這項物品在1～2年內都沒用到，也不具有任何價值，甚至還能輕易取得，那這東西就是多餘的，在移除之前除了謝謝這項物品陪伴了自己，也能告訴自己過去沒有仔細審視是想要還是需要這項物品，避免往後的日子再度做出不必要的浪費，尤其在養了毛孩子之後，必須為牠們的醫療做出預備，每一分錢都很重要，不能隨便浪費喔！

因為空間小，所以有些和自己現階段生活無關的家具就需要好好斟酌必要性，像我們自己因為房間內已經不需要書桌椅，因為創作與工作的部分已經另外有空間作為工作室，因此使用機能上已經不適合我們的雙層床、書桌椅便是這次移除的項目。

考量到當毛孩子們進駐後，要處理修繕問題或移動家具之類的改動會變得極其困難，因此如果空間和我們一樣小的話，務必有計劃性的確認好上述部分，並且最好一次把空間的佈置做到位，所以我們在主要大件的家具移出後就執行了大掃除，也重新把牆壁粉刷了一遍，而床的部分因為空間問題我們選擇向上發展，選購了高架的床鋪讓睡眠動線往上，下面空出來的大片空間就成為了毛孩子們的窩了。

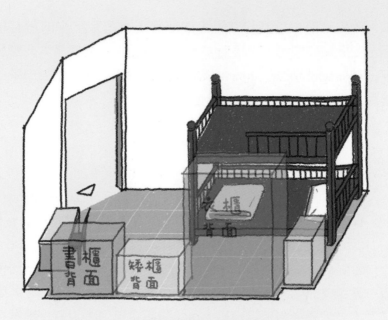

▲屁股臉家房間原況

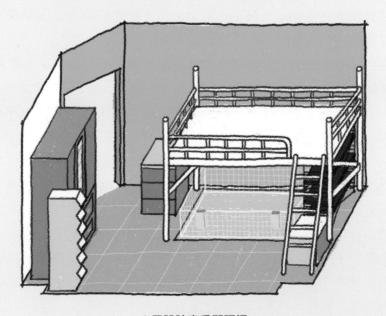

▲屁股臉家房間現況

天竺鼠是群居動物？——合籠的迷思

　　相信大家都聽（或看）過天竺鼠是群居動物、在瑞士只養一隻天竺鼠是犯法等相關資訊，但實際上的經驗與跟天友們討論後的結果一致認為這並非一定，我們覺得天竺鼠跟人類一樣都有自己的個性，所以無法相處合籠的天竺鼠們還是分籠飼養比較安全。以下是屁股臉家的合籠的心路歷程分享。

　　因為我們一直覺得任何動物都有牠的個性，即便是天竺鼠也是有自己的個性，總會有合得來或合不來的情況，所以在養第二豬摸摸前我就有心理準備有可能要分籠，屁股臉家最多有曾經是分三籠的，我們覺得不一定要住一起天竺鼠才會開心，**只要在同一個空間裡讓對方知道有天竺鼠同伴其實就會安心許多了**，以下先幫大家列出幾個重點：

- 空間大一點比較沒有壓迫感。
- 在乾淨的空間認識彼此（沒有互相的味道）。
- 結紮後情緒比較不會受荷爾蒙影響。
- 先住在隔壁讓彼此熟悉。
- 一豬一套家具及玩具，才不會為了搶東西吵架。
- **不要急。**
- **看天竺鼠的個性。**

　　不要急跟**看天竺鼠的個性**是重點中的重點！我們家其實是養了快三年多才能四豬合成一大籠，起因其實是因為姆姆摸摸生日，所以整理出來一個地方讓四豬一起吃生日大餐，結果發現短暫的相處好像大家都可以接受，然後就這樣常常讓牠們出來一起吃菜菜，久了之後大家都互相習慣，終於合籠成功了！

之後霞霞來的時候因為摸摸跟絨絨不排斥牠，所以很快的合籠成功了，但蒙蒙來的時候，霞霞反應非常大，雖然摸摸跟絨絨也是不排斥蒙蒙，可是霞霞一直想衝去啄蒙蒙，所以蒙蒙只能住在旁邊籠子，偶爾剛整理完大籠子沒有大家味道的時候，就放蒙蒙進去跑跑一起吃菜菜，久了霞霞就習慣了蒙蒙小屁孩，不會想衝去啄蒙蒙，之後才順利的讓蒙蒙住在一起。

　　以上就是屁股臉家的合籠心路歷程分享，其實沒有什麼合籠秘訣，就是看個性然後讓牠們習慣彼此，但是很多天友反應，有些豬從年輕到老都住在隔壁還是一見面就互相看不爽打架，這種情況還是分開會比較好喔！

▲剛開始合籠時

▲▶不管是飼料盆、草架還是玩具拼接屋，天竺鼠就像小朋友一樣，都要一豬一個才不會吵架爭奪

▲新加入的練習生因為會跟霞霞蒙蒙打起來，但是隔著網片就會相安無事，所以目前還是用網片隔開的狀態

Chapter

6

行

天竺鼠行為觀察家

姆姆媽的觀察分享

天竺鼠會定點上廁所嗎？

天竺鼠會定點上廁所嗎？

養了這麼多年的天竺鼠最常被問到的就是：「你們家的照片看起來都沒有屎尿，請問怎麼訓練牠們使用便盆？」其實這一切都是錯覺啊！因為我很喜歡近拍我們家孩子，所以只是沒有拍到髒亂的地方而已啦！我這幾年的心得跟心態已經是：「天竺鼠不在便盆上大小便是很正常的事。」當年只有養姆姆的時候便盆使用率高達90%，以為養到天使小豬豬，結果摸摸來了之後馬上被帶壞。總之我覺得牠們不是笨，單純就是軟爛不想使用便盆而已。

訓練心得

以下是只有飼養姆姆大哥時期的訓練心得：

- 把便盆放在角落（放在原本就有在尿尿便便的角落更好）。
- 看到天竺鼠屁股壓低的時候，就把牠們抱到便盆上。
- 食盆及飲水器放在便盆上。
- 看到有在便盆上便便尿尿就稱讚牠，並給點心獎勵。
- 在便盆上面弄一個遮蔽物，讓天竺鼠在便盆上廁所時更有安全感。

▶屁股臉家的練習生使用便盆機率幾乎100%，觀察下來是因為牠喜歡在角落上廁所，所以將便盆放置角落符合牠的習慣

如果試了好一陣子發現天竺鼠還是沒有定點上廁所也請不要灰心，因為養天竺鼠真的就是要抱著勤打掃的心理準備！

▲剛打掃完

▲過了一晚

　　上面照片是過了一個晚上的狀態，因為光是一天的尿布墊就可能會被尿浸濕到不行，所以我們會每天更換尿布墊及毯毯，然後早晚打掃便便、更新牧草以維持環境整潔，天竺鼠就負責可愛就好，其他的事情都該由主人來煩惱喔！

天竺鼠的屎量有多可怕?

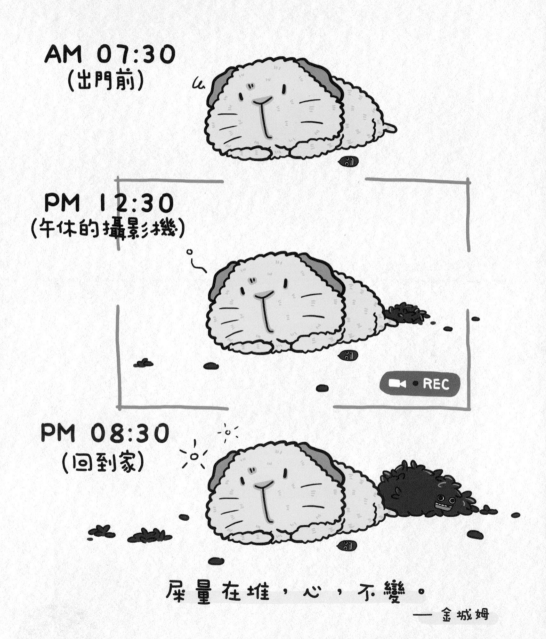

AM 07:30
(出門前)

PM 12:30
(午休的攝影機)

▶ REC

PM 08:30
(回到家)

屎量在堆,心,不變。

——金城姆

關於天竺鼠的便盆使用率

尿在滾

尿意來襲

基本動作預備！

使用率90% 命中率0%

邊跑邊跳好奇怪，我家的天竺鼠怎麼了？

天竺鼠除了用PuiPui的叫聲表達之外，其實也可以從肢體動作分辨牠們情緒跟意思喔！例如：

- **爆米花跳**：在打掃環境時或是有新玩具、軟墊時，天竺鼠有時候會出現像是不受控制似的甩頭及扭動身體彈跳動作，因為這個動作跟爆米花炸開的瞬間很像，所以被飼主們暱稱為爆米花跳（Popcorning），這個動作通常表示天竺鼠現在很開心很愉悅。

- **敲牙**：牙齒快速的上下震動，會發出「喀喀喀」的聲音，這代表天竺鼠不開心、很生氣，如果是兩隻天竺鼠面對面敲牙，要小心牠們下一秒可能就會開打，有時候不想讓主人餵藥也會敲牙表示不開心。

- **張嘴露出牙齒**：對同伴（或是對主人的手）快速的張嘴露出牙齒是生氣威嚇的意思，如果是對同伴的話主人要注意可能會打起來，如果是對主人的話請不要難過，牠可能只是心情不好或是不喜歡這樣撫摸方式，請換個方式接觸看看吧！

- **抬下巴**：當你的天竺鼠與同伴一起抬起下巴，像是在比誰的下巴比較高，那可能是在比誰的地位比較高，也是一種挑釁的動作。

- **石化不動**：當天竺鼠對環境感到害怕或受到驚嚇時，會一動也不動的觀察環境，這時候不要去打擾牠們，可能會受到二次驚嚇，可以提供藏匿的小窩讓牠們先冷靜一下。

▲剛到屁股臉家的霞霞因為吹風機的聲音嚇到石化

- **四處逃竄**：這代表牠們受到驚嚇（例如東西突然掉落或是主人突然動作比較大），因為天竺鼠是非常擔小又神經質的小動物，還可能被自己的同伴嚇到。看到牠們睜大眼睛四處逃  竄，而且不管什麼地形都會踏、跳上去，這時候也先不要去打擾，動作放小放輕的在一旁安靜觀察就好。

- **拉長身體嗅空氣**：在陌生的環境會看到天竺鼠像貂一樣拉長壓低身體，然後鼻子快速的聞嗅空氣，那是天竺鼠在探索新環境的方式！

- **聞對方下巴或屁股**：天竺鼠遇到同伴的時候會聞對方的下巴或屁股，不管是熟悉還是陌生的同伴都會這樣聞，這是牠們的社交行為，是認識、辨別對方的方式。

▲霞霞聞摸摸的下巴

▲爆爆在天聚時聞滾滾的屁屁

- **拖磨屁股走路**：看到天竺鼠拖磨著屁股在走路，牠們不是在抓癢喔！牠們是用屁股的氣味來劃分地盤，公天竺鼠還會藉此動作來對母天竺鼠求偶示愛，從辨別認識到劃分地盤都是用屁股味，或許屁股味就是天竺鼠的身分證。

- **舔對方眼睛、耳朵**：如果看到天竺鼠在舔同伴的眼睛、耳朵，那是示好的動作，有些天竺鼠甚至會舔主人的皮膚，對主人示好喔！

▲妹妹發現摸摸二哥身體不舒服的時候也會舔眼睛表達關心

▼▶姆姆大哥常常會舔我們的手腳示好

- **身體快速震動及搖屁股**：天竺鼠發情時會壓低頭、身體快速震動身體並發出低沈的咕咕咕聲音，然後慢慢的繞著同伴，還會用後腳左右踏地，形成搖屁股的姿勢。除了發情，有些天竺鼠在驅趕其他天竺鼠的時候也會出現這個動作。

- **騎乘對方**：天竺鼠的騎乘動作除了是交配行為，還是一種同伴之間地位的宣示，所以不論同性或公母都有可能會互騎，即使已經結紮的天竺鼠也還是會有這個行為，有些獨居的公天竺鼠還會騎乘娃娃或玩具球球，這是正常的現象，主人可以不用擔心。

天友：天竺鼠呆寶&寶寶的日常 @guineapig20180420提供
呆寶騎玩具球球的照片

- **噴尿**：這個動作的意思是母天竺鼠拒絕交配，也是代表不開心的意思，有時候會看到公天竺鼠追著母天竺鼠的屁股跑，或是其他天竺鼠不小心碰到母天竺鼠的屁股，母天竺鼠只要感覺不開心就會跳走加上噴尿，而公天竺鼠就會在原地聞母天竺鼠的尿液味道。

- **雞腿躺、腰果躺**：當天竺鼠躺得像一隻雞腿或是一顆腰果一樣的時候，代表牠們現在很放鬆很舒服，不用擔心牠們會閃到腰喔！

- **伸出雙手或是雙腳**：伸出雙腳或雙手像是等指甲油乾的動作，也是天竺鼠覺得現在環境很輕鬆自在的表現喔！

- **炸毛母雞蹲**：炸毛母雞蹲代表天竺鼠現在很不舒服、很痛或是很冷都有可能，如果一直維持這個姿勢都不吃飯，建議趕快帶去讓獸醫生檢查天竺鼠的狀況！

▪ **睜眼睡覺**：天竺鼠因為是食物鏈的最底層，在野外隨時有被掠食的危機，所以通常都會睜眼睡覺確保遇到危險時可以趕緊逃跑。

▪ **翻白眼睡覺**：天竺鼠如果比較安心一點的時候，很可能會熟睡到翻白眼，甚至會像人類一樣有快速動眼期，看到天竺鼠睡到翻白眼時主人請不要驚慌，牠們只是睡得太熟了。

▲翻白眼熟睡

▪ **閉眼睡覺**：天竺鼠在對環境非常安心及信任的時候，就有可能會閉眼睡覺喔！

▪ **咬籠子**：當天竺鼠在咬籠子的時候通常是有某些需求，例如想要吃菜菜、想要主人趕快放飼料、水瓶沒有水了、覺得空間太小很無聊等各種原因。

咬籠子很有可能會傷害到天竺鼠的顳顎關節，除了要制止之外，更要仔細觀察並且滿足牠們的需求，才能解決咬籠子的壞習慣喔！

· ·

· **用頭頂開手**：如果人類伸手處摸天竺鼠時，被天竺鼠用頭頂開，或是用手撥開，都代表牠現在覺得討厭、不想被碰喔！

· ·

· **打哈欠**：天竺鼠的打哈欠有兩種意思，一種是對於環境感到安心舒適，累了睏了而打哈欠；另一種是當天竺鼠們打架時，有一方打哈欠代表是示弱認輸的意思。

▲摸摸因為想睡覺打了一個大哈欠

天竺鼠臭臭的，可以洗澡嗎？

天竺鼠會清理、梳整自己的毛，所以一般狀況下只要每天勤幫天竺鼠打掃環境，身上是不容易臭臭的。如果屁股周遭的毛髮太長可能會沾染到尿液，可以將毛髮剪短避免沾到尿液，也避免尿灼傷皮膚喔！剃毛的步驟如以下：

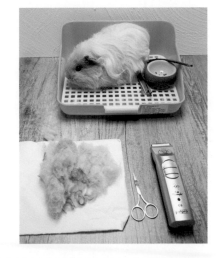

STEP 1

準備好剪刀、剃毛刀、可以轉移注意力的東西（例如菜菜）。

STEP2

先將打結沾到尿結塊的毛髮用剪刀剪掉，直接用剃毛刀會扯到毛，使天竺鼠感到疼痛。（記得拿好吃菜菜轉移牠們的注意力）

STEP3

剪掉打結、結塊的毛後再用剃毛刀開始剃毛。

這樣天竺鼠就會獲得一個清爽
的屁屁了！

　　另外年紀太小（未滿6個月）、體重太輕（未滿600公克）都不建議讓
天竺鼠下水洗澡，但有時候可能會不小心沾到穢物，可以先用濕紙巾幫天
竺鼠擦拭並用吹風機吹乾，非必要其實可以不用幫天竺鼠洗澡。如果真的
必須下水洗澡（例如治療皮膚疾病需要洗藥浴）需要注意什麼呢？

- 維持浴室內的溫度，避免溫差太大感冒。

- 頸部以上盡量不要碰水，可能會嗆到導致肺炎，或是耳朵進水而導致中耳炎。

- 水溫適中，飼主可以先用手試溫，避免水過冷或過燙。

- 藥浴洗劑先在手上搓揉起泡再搓洗天竺鼠。

- 沖洗乾淨後用
毛巾包裹起來
避免受寒。

- 吹風機用較低
的溫度儘快吹
乾毛髮，毛髮
濕濕的除了會
感冒之外，還
有可能因為太
潮濕而導致皮
膚疾病，所以

肚肚的毛髮也要仔細吹乾，若單獨一個人可以用膝蓋夾住吹
風機，讓天竺鼠背靠著飼主身體這樣吹乾肚肚毛。

- 避免太過頻繁的洗澡，可能會將天竺鼠皮膚上的油脂洗掉導
致太乾燥，所以也不能太常幫牠們洗澡喔！

另外，公天竺鼠會比母天竺鼠臭臭一些，因為公天竺鼠的屁囊那邊有腺體分泌，那些分泌物的味道也比較重，加上在牠們劃分地盤時和發情時會用屁囊磨擦地板，可能會把毛跟草屑等東西都夾進屁囊裡，建議定時幫公天竺鼠清潔屁囊，清潔步驟如下：

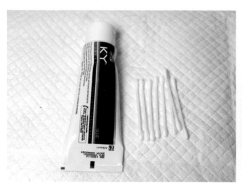

STEP 1

準備棉花棒及潤滑液或是凡士林。

STEP 2

可以看得出來屁囊有卡一些毛的公天竺鼠。

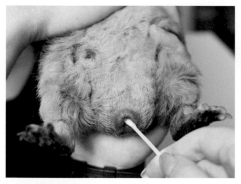

STEP 3

用棉花棒沾取潤滑液後輕輕的伸進屁囊轉一轉。

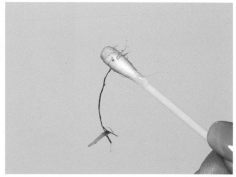

STEP 4

棉花棒髒了就換一支新的，直到轉不出髒污。

另外，公天竺鼠除了屁囊
要清理，小雞雞（陰莖）也會
卡汙垢，不一定每豬天竺鼠都
會自己清理，飼主可以用手輕
輕的將小雞雞從包皮中推出。

STEP 1

如果有汙垢可以用棉布沾溫水
輕輕擦拭。

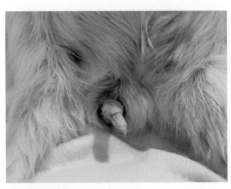

STEP 2

清理乾淨後再輕輕的將小雞雞推回包皮中，如
果卡卡的可以擦一點潤滑液或凡士林。

怎麼和天竺鼠培養感情？

　　怎麼樣才能讓天竺鼠親人？怎麼樣才能讓天竺鼠在自己身上睡覺？其實這個議題跟天竺鼠合籠一樣，最主要就是耐心的給時間以及看每隻天竺鼠的個性，就跟人類一樣。大多數天竺鼠都是內向的慢熟神經質個性，當然也有比較外向熱情神經大條的天竺鼠，剛好屁股臉家這兩種都有遇過，以下是我們家培養感情的方法：

- **開放式的小窩**：一開始我們不給牠們包緊緊的布窩是因為基隆太潮濕，如果是包太緊的布窩可能會讓牠們皮膚長黴菌，所以給比較大又比較寬鬆的窩或是法蘭絨毯，結果因為可以看得見我們的一舉一動，漸漸的習慣我們的動作，也因為能看得見我們的動向，讓牠們比較有心理準備我們要靠近。

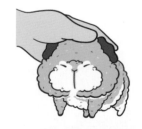

- **用手餵食**：可以試著用手拿食物給天竺鼠，或是把食物放在手心中，讓天竺鼠自己來你的手上取食，久了就會習慣你的味道，比較不會那麼害怕。

• **先打招呼**：不管是要抱天竺鼠還是要摸天竺鼠，都要在牠們的面前先跟牠們說一聲，然後慢慢的動作，這樣久了就慢慢習慣了主人的動作；千萬不要突然很快的摸牠們或是從背後摸牠們，這樣會讓牠們受到驚嚇。

• **慢慢加長抱的時間**：如果嚮往天竺鼠願意躺在身上的那種模式，可以嘗試在抱著時餵食牠們喜歡的食物，例如菜菜、草餅、維生素 C 錠等，然後慢慢拉長天竺鼠在身上的時間，這樣久了牠就知道在你身上都會有好吃的，心情也會比較放鬆。

• **正確的抱起姿勢**：將牠們抱起來的時候也要小心喔！一手托著前胸腋下一手托著屁股，這樣牠們也比較安定，如果只有托著腋下可能會讓牠們的脊椎受傷之外，天竺鼠也可能會因為沒有安全感而掙扎！

- **避免體罰**：當天竺鼠啄別人、咬籠子等這些需要阻止的壞壞動作，千萬不可以對天竺鼠進行體罰，因為牠們是很脆弱敏感的動物，很可能因為這樣會越來越害怕人類，建議以嚴厲的聲音及吹氣（短促且有力的吹一下）的方式阻止，不會傷害到牠們又有嚇阻的作用！

不管是哪一個方法都是要慢慢的循序漸進執行，如果天竺鼠還是很怕人請不要灰心，因為天友們也常常分享家裡的天竺鼠已經養了五、六年，但看到人還是跑得跟飛一樣，像屁股臉家的摸摸也是三、四歲的時候才不會逃避我們的撫摸，但是一直到七歲多也還是不會像絨絨一樣躺在我們身上閉眼睡覺，所以親不親人這件事真的是每隻天竺鼠都不同喔！

▲妹妹很習慣在姆姆媽身上睡覺

摸摸摸摸篇

秉持愛的教育才是優秀的飼養人

帶天竺鼠出門要注意什麼？

　　除了帶天竺鼠出門看醫生之外，有時候也想帶天竺鼠去踏青，除了準備好食物及飲用水之外，那還要注意什麼事項呢？

- **天氣溫度**：先看氣象預報，太冷或太熱都不適合帶天竺鼠出門踏青，盡量避免讓天竺鼠曝曬在太陽下或是吹到冷風。

- **路程**：選擇能用最短路程到達目的地的交通工具，避免路途太久造成天竺鼠的不適。

- **限制活動範圍**：天竺鼠因為身型的關係（沒有脖子沒有腰）很容易掙脫牽繩，而且不適合將牽繩束得太緊，很容易壓迫到脊椎神經及內臟，可以利用圍片或是球池限制天竺鼠的活動空間，天竺鼠小小一隻其實跑很快，如果跑出去是很難找回來的！

- **觀察四周環境**：天竺鼠是食物鏈最底層的動物，如果被其他動物攻擊是完全沒有辦法抵抗，主人要注意四周環境的風吹草動，避免憾事發生。

- **避免誤食**：因為不能確定戶外的草地、植物是不是有噴農藥或是有沒有毒，甚至吃進寄生蟲都有可能，因此要特別小心天竺鼠在戶外誤食的狀況。

- **噴驅蟲藥**：草地可能會有跳蚤或其他寄生蟲，出門前可以先噴在天竺鼠身上驅蟲藥避免感染到蟲（建議先與獸醫師確認用藥）。

天友：冬乖麻麻 @eason.dong1018
分享與冬冬出遊的照片（下圖）

想去參加天竺鼠聚會！

　　台灣有越來越多飼養天竺鼠的同好朋友們，天竺鼠聚會除了讓飼主們可以面碰面交流之外，也可以讓天竺鼠們認識新的同伴，但是還是有一些風險是需要注意。

- **傳染疾病**：天竺鼠有一些疾病是會傳染的，例如疥癬、蟎蟲、跳蚤、原蟲等，有些時候因為症狀輕微而沒有注意到，建議聚會前先跟天友們約定好去健康檢查確認無虞後再聚會，避免出現疾病傳染的狀況發生。

- **打架受傷**：因聚會時天竺鼠來到陌生的環境、聞到陌生的氣味，加上很多陌生的同伴容易造成緊張的狀況，加上如果本來就是性格比較暴躁一點的天竺鼠，很可能隨時就開打，建議帶著毛巾及隔板，發生打架時可以利用這些道具將牠們隔開。

- **意外懷孕**：在聚會時如果沒有將未結紮的公母分開，很有可能會意外懷孕，也是建議在聚會前先與天友們討論好分開公母的方式，大家一起遵守配合。

Chapter

7

天竺鼠教會我的事

飼養天竺鼠後的生活變化

天竺鼠的平均壽命是 4～8 年，一旦飼養了這個小生命，往後的日子裡主人必須一肩扛起這甜蜜的負荷，以下是姆姆媽飼養天竺鼠後的生活變化：

▪ **花費開銷變大**：購買天竺鼠的牧草、飼料、蔬菜水果、保健食品等費用還算是比較小筆的開銷，但只要牽扯到醫療方面的費用就會很大筆，尤其是需要磨牙、定期看醫生的天竺鼠或是老年天竺鼠的花費都非常驚人，飼養前真的要摸摸口袋三思呀！

▪ **下班只想衝回家**：以前下班之後還會去逛街、運動，現在下班只想趕快回家看小屁鼠們。

▪ **時間變很少**：在家只想一直看著小屁鼠們，時間常常就這麼溜走了！

▪ **記憶體不夠**：每天拿著手機或相機錄影拍照，記憶體容量完全不夠放，雲端硬碟空間直接買到最大的2TB。

▪ **無法隨心所欲過夜旅行**：雖然可以請家人幫忙照顧或是帶去旅館寄宿，但多少還是會不放心，加上捨不得離開牠們，所有的出遊最後都變成當天來回的小旅行。

▪ **隨時都在找天竺鼠能吃的東西**：在超市會忍不住開始逛起蔬果區，在路上或是山上會看附近有哪些草是可以給天竺鼠吃的。

以下是天友們分享養了天竺鼠之後，生活發生了什麼樣的變化：

5151聲音比鬧鐘還早……

更戀家，而且為了乾淨養成每天都定時整理的習慣，也更關注寵物議題，還交交志趣相投的朋友

生活很有規律，因每天要安排好時間，然後回家打掃和照料

我是個淋巴癌患者，在治療及後續追蹤時，也段十分低潮的日子，是牠們讓我轉移注意力

家裡全部人開始學天天5151叫

一個人聽鬼故事的時候不會再害怕了XD而且經常會在半夜起床去看牠有沒有足夠的草和水

窮

打雷地震第一個動作就是抱起豬來安慰！下班後只想要快點回家摸豬哪都不想去。錢包扁掉算改變嗎？

人類生活空間漸漸被天竺鼠侵蝕

出門會一直想著豬豬，然後就會想趕快回家，最後連門都不想出去

就算放假也很早起

185

必須思考的陪伴──最後一程及身後事準備

　　最後的最後，天竺鼠雖然保有著凍齡的可愛外表，但可能因為天竺鼠孩子身體的自然老化，或是可能已經試過了治療，已經沒辦法再改善身體狀況的時候，作為主人的我們，能做的就是好好的陪伴孩子最後一程，不管是選擇安寧治療還是安樂、自然過世，請相信孩子們一定能理解自己的決定，雖然不會說話，但愛的心意牠們一定能感受得到。

　　面對孩子的離開，除了好好的謝謝彼此相伴的美好時光，關於天竺鼠的身後事有以下幾種選擇。

- **火化**：在台灣有很多寵物殯葬業者有火化的服務，各縣市的公立動物收容所也有火化的服務，火化分為個別火化及集體火化，個別火化是單獨進行火化，可以取回天竺鼠的骨灰後選擇安置方式，集體火化可能會跟很多種動物一起火化，通常業者會將所有骨灰在園區內樹葬或灑葬；取回天竺鼠骨灰後，可以選擇自己的宗教信仰禮儀來安置，例如安置於靈骨塔、擺放於家中、樹葬、花葬、將骨灰客製做成紀念品等，不論是哪種方式，只要主人本身獲得安慰就是最好的方式。

天友：@whats.that.kind__guineapig 提供的照片

天友：@Chin_yi19961215 提供的照片

脊椎　骨盆

雙頰

肋骨

上下顎　碎骨

大腿骨

頭骨

天友：摩卡與朵媽的奇幻旅程 @mochaandsnailhou_say 提供的照片

- **土葬**：在自己家的庭院中挖土掩埋天竺鼠的遺體（注意：土葬不適合在公有地進行，例如公園等地方），此方法因為台灣地狹人稠，如果埋在地底有可能被戶外的動物掘出，或是遺體因外在環境因素產生腐化不完全等問題。

天友：@cheese.potato_pig提供
用天竺鼠毛髮製成的紀念品

以下是天友們委託姆姆爸製作的羊毛氈永生天竺鼠：

▲羊毛氈：麻吉

▲羊毛氈：糖糖

▲▶MOMO的主人三度委託了姆姆爸製作永生肖像，正好製作MOMO時把之前的作品一起拿來修整合照

我準備好飼養天竺鼠了！

飼養前需要先去執行的事情

以姆姆媽對天竺鼠的觀察，加上在社群媒體打滾的這麼多年，發現送養天竺鼠的理由大概就那幾個，但有些情況其實是可以事先預防。

檢驗過敏指數

天竺鼠本身的毛髮、皮屑、唾液、尿液及排泄物等都有可能導致人類過敏，而且天竺鼠若是被感染到蟎蟲或是黴菌的話，蟎蟲、黴菌也是許多人的過敏原。除了天竺鼠本身，牠們的主食提摩西牧草也是一種常見的過敏原，過敏會有什麼徵兆與症狀呢？過敏的人接觸天竺鼠後，輕者會有蕁麻疹、紅疹、打噴嚏、流鼻水、眼睛癢或紅腫等症狀，較嚴重者會出現咳嗽、胸悶、氣喘等，過敏患者長期與寵物接觸甚至會出現慢性漸進性地呼吸困難、全身無力及疲倦感等症狀。

那要怎麼避免過敏反應呢？因為每個人的過敏原都是寫在DNA裡，因此是沒辦法治療，最好的方法就是**飼養天竺鼠之前，先去檢驗過敏指數。**

目前有很多醫院有檢驗過敏原的服務，可以自費先檢查看看，為了自己的身體健康也避免被迫跟心愛的天竺鼠分離，以下是天友冬乖麻麻 @eason.dong1018分享的檢測過敏原經驗與資訊：

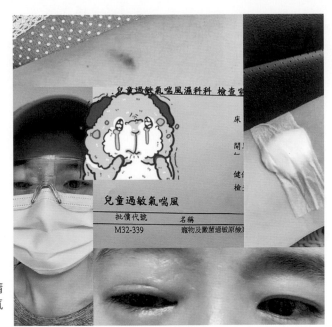

▶冬乖麻麻過敏時除了眼睛癢和紅腫之外，當時還有氣喘等不適的反應

e6　Guinea pig epithelium 天竺鼠上皮

家中常出現的小寵物，然而也可能在野外出現。天竺鼠的皮屑、唾液及尿液都可能導致過敏。當您對天竺鼠過敏，您也可能同時對小鼠、大鼠皮毛屑及尿蛋白過敏。

▲冬乖麻麻做的檢測項目中有特別針對天竺鼠的檢測項目

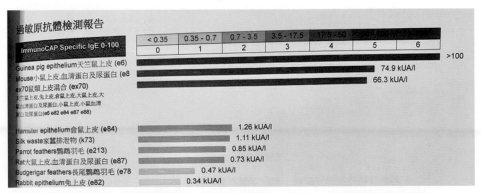

過敏原抗體檢測報告

ImmunoCAP Specific IgE 0-100	< 0.35	0.35 - 0.7	0.7 - 3.5	3.5 - 17.5	17.5 - 50	50 - 100	6	
	0	1	2	3	4	5	6	>100
Guinea pig epithelium天竺鼠上皮 (e6)								74.9 kUA/l
Mouse小鼠上皮,血清蛋白及尿蛋白 (e8)								66.3 kUA/l
ex70鼠類上皮混合 (ex70) 天竺鼠上皮,兔上皮,倉鼠上皮,大鼠上皮,大鼠血清蛋白及尿蛋白,小鼠上皮,小鼠血清蛋白及尿蛋白 (e6 e82 e84 e87 e88)								
Hamster epithelium倉鼠上皮 (e84)		1.26 kUA/l						
Silk waste家蠶排泄物 (k73)		1.11 kUA/l						
Parrot feathers鸚鵡羽毛 (e213)		0.85 kUA/l						
Rat大鼠上皮,血清蛋白及尿蛋白 (e87)		0.73 kUA/l						
Budgerigar feathers長尾鸚鵡羽毛 (e78)	0.47 kUA/l							
Rabbit epithelium兔上皮 (e82)	0.34 kUA/l							

▲冬乖麻麻的過敏原抗體檢測報告，報告結果是對天竺鼠上皮的過敏指數非常高

先嘗試當志工

　　很多飼主送養的原因之一，就是覺得天竺鼠的排泄物味道太重了！沒錯，天竺鼠在可愛的外表下，其實就是一個便便機器，所以養天竺鼠只能勤打掃。如果是對氣味比較敏感的人，可以到愛鼠協會或愛兔協會申請當打掃志工，除了可以近距離接觸天竺鼠和牠們的生活環境，也可以實際體驗牠們的氣味是不是可以接受的喔！

思考未來的人生規劃

　　養天竺鼠不是只要負責一、兩年的事情，牠們的生命平均是4～8年，這段期間飼主可能會歷經升學、工作、出國深造、結婚、懷孕生子等各種人生中比較大的變動，先試著想像看看，在這些變動中還要照顧天竺鼠的話，是否會壓力太大或手足無措呢？是不是會壓縮到陪伴照顧天竺鼠的時間呢？

詢問同居親友的接受度

天竺鼠說大不大說小也不小，但是需要比較大的活動空間（一豬至少要 60公分×60 公分的空間），而且叫聲跟排泄物的味道都滿有存在感，建議飼養前要先和家人、伴侶、室友等同居親友詢問、溝通清楚，如果是租屋處的話，也要記得先徵詢房東的同意喔！

試算一下自己的經濟狀況

天竺鼠的伙食費乍看之下不貴，但其實天竺鼠的醫療費用才是真正可觀的花費，而且這種花費不太能事先預期。建議先用比較悲觀的情況試算自己的經濟狀況能不能負擔，例如每月定期需要磨牙費用約5000～6000元、日常食物及保健食品約2000～4000元、單次緊急突發醫療的費用約6000元以上，如果算下來實在有點危險或是喘不過氣，建議飼養天竺鼠這件事還要再三考慮喔！

除了寵物店還有什麼飼養管道？
請用認養代替購買！

　　相信大家看到可愛的天竺鼠都會心動地想飼養，但是要如何取得天竺鼠呢？通常大家第一個想法是去寵物店購買，但在寵物店購買的天竺鼠有可能是被不肖商人在糟糕的環境中近親繁殖誕生的，要遏止這種歪風的方法，除了選擇合法的寵物店及繁殖廠商，還可以選擇**以認養代替購買**的方式，在台灣是有很多管道可以認養到天竺鼠的喔！

　　因為有認養過成天及幼天的經驗，很多人會問我：「幼天好小豬好可愛，是不是認養幼天才能陪伴長長久久？是不是從小開始養才會比較親人？」目前的經驗是不一定喔！屁股臉家有五豬都是從幼天養起，但幼天維持小小豬的時間很短，像蒙蒙快三個月體重就快要破千跟成天差不多大隻了！所以要有心理準備牠們是一下子就會長到很大一豬的，至於親人程度也是看每一豬的個性，像霞霞認養時已經一歲多，剛開始完全不會讓我碰，只要一靠近就會飛奔跑走，但是經過長期的耐心相處，現在突然被我碰也不會跑走，也會趴在我身上（反倒是從小養大的摸摸不會趴在我身上）所以就個人經驗來說，親不親人真的是看天竺鼠的個性，以及耐心的陪伴和互動喔！

社群媒體上的個人送養

　　屁股臉家的爆爆和蒙蒙就是在Facebook的社團看到送養資訊，可以在Facebook搜尋「天竺鼠」關鍵字找到相關的社團加入，因為是私人的送養訊息，所以在送養的條件跟規則是依照送養人而定，只要雙方可以接受就可以認養成功。

台灣愛兔協會

　　社團法人台灣愛兔協會（Taiwan Rabbit Saving Association）是於2009年2月2號創建的協會，以寵物兔為關懷主軸的民間立案慈善組織，愛兔協會以教育推廣為出發點，結合愛之家的急難救助服務，讓危難中的棄兔獲得第一時間的照顧安置，協會也會不定時的開課、辦活動讓大家更認識兔兔與天竺鼠。

　　愛兔協會除了有照顧兔兔之外，其實還有一併照顧跟兔兔飲食生活習慣很相似的天竺鼠！屁股臉家的水行霞就是從愛兔協會認養的天竺鼠喔！霞霞當時在愛兔協會住了大概10個多月，因為體型比較瘦小，協會一直細心照料霞霞到可以結紮，結完紮確定沒問題才放心的讓霞霞開放認養。

　　協會照顧的天竺鼠都是成年結紮後才會開放認養，如果看到有心儀的天竺鼠，可以持續在協會的網站上面觀望有沒有開放認養，只要是有開放認養的豬，就可以在協會網站上面投遞

認養書，如果審核通過就會通知面談，如果沒有接收到面談通知也請不要灰心，因為有時候是競爭者太多了而天竺鼠只有一豬，所以再接再厲試試看吧！

協會除了送養兔兔之外，也有提供寄宿的服務，現場也有很好買的愛兔福利社，有空的時候不妨來愛兔協會當志工順便採購一下吧！

台北愛兔之家

客服電話：0922-560-178

（114）台北市內湖區文湖街
60巷34號4樓

高雄愛兔之家

客服電話：0901-076-500

（806）高雄市前鎮區中華五
路949號

愛兔協會資訊

客服信箱：service@rabbit.org.tw

官方網站：https://www.loverabbit.org

台灣愛鼠協會

RodentsCare
社團法人台灣 愛 鼠 協 會

　　社團法人台灣愛鼠協會創建於2016/11/16，是台灣第一個
以鼠類動物為關懷對象的動物保護團體。協會發起於網路社群，
集結熱情鼠友力量，進行組織救援、宣導、教育，以永久改善
鼠類動物處境為目標。愛鼠協會以動物保護為本，以寵物鼠人
道救援及寵物鼠相關知識宣導為宗旨。屁股臉家的水行霞（愛

鼠協會時期是取名芋泥球）一開始就是因為前飼主家人過敏，而來到愛鼠協會尋求協助，除了天竺鼠之外，大白鼠、松鼠、倉鼠都有在收容喔！

　　協會照顧的天竺鼠都可以在官方網站上面看到資訊，截稿前看官網上面還有309支鼠寶待認養！如果從官網上面看到有心儀的天竺鼠也可以從網站上面填寫認養問卷，填答完問卷後，加入愛鼠協會官方line帳號，並將準備的環境、用具照片或影片傳送至官方line後等待志工的回覆。越用心的填寫及準備就越有機會得到好消息喔！

　　愛鼠協會的一樓是鼠寶愛心市集，裡面有寵物鼠的各式用品、食品，收入全都會用來幫助協會營運，二樓則是齧齒類小動物收容中心，也很需要大家當志工幫忙喔！

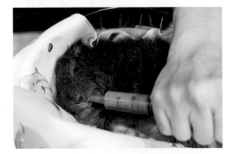

愛鼠協會資訊

客服電話：（02）2746-0860

客服信箱：escue@rodentscare.org

協會地址：（105）台北市松山區八德路四段657號

官方網站：

https://rescue194.wixsite.com/rodentscareadoption

讓送養人看到你的決心！

投遞好幾次認養書後，都沒有下文該怎麼辦？經歷四次認養成功的姆姆媽覺得最重要的就是要讓送養人感覺到自己飼養天竺鼠的決心！不管是協會送養還是私人送養，大家都是抱著一種嫁女兒的心情，希望女兒未來能過上好日子，如果先準備好房子、車子（環境、籠子、器具），岳父岳母（送養人）對於物質這塊就會稍微放心一點，也會更清楚認養人是不是有準備好適合的環境。再來就是要讓送養人感受到你是有先做好功課的，清楚的知道天竺鼠的習性及禁忌等等，如果平日有在分享自己的生活（例如：instagram、Facebook粉絲專頁、Twitter……等社群媒體），讓送養人覺得後續可以追蹤到天竺鼠的近況，而且你不會搞消失，只要符合以上就能大大的提升認養成功率喔！

▲姆姆媽當時提供給愛兔協會的認養環境照

Chapter

SPECIAL

番外篇

毛豆腐 |
Hair Beancurd ♀

收編日：2022/05/07

　　這本書的寫作接近尾聲時，火燒屁股的姆姆媽發現還沒有去拍愛鼠協會的照片，於是前一天緊急預約參觀愛鼠協會，隔天順利的拍了照片取材，結果在回家後的幾天整理照片時，就被毛豆腐的照片電到！過幾天後還是忍不住的投了情書，原本努力壓抑住的心情直接不演了，並且擅自叫毛豆腐為腐腐，經過了與愛鼠協會志工的面談，順利的帶腐腐回家了。

▲在愛鼠協會取材時第一次與腐腐見面，
也是姆姆媽被電到的照片

　　據愛鼠協會的貼文得知，毛豆腐是一位周先生在深坑的工廠停車場看到一個被雨淋得破破爛爛的紙箱裡發現的，好心的周先生騎車從深坑送到愛鼠協會尋求幫忙，愛鼠協會原本想幫腐腐取名臭豆腐，但因為腐腐是長毛豬所以最後取名叫毛豆腐！

◀好心的周先生送腐腐到愛鼠協會

▲大眼睛立耳朵看起來年紀很小

▲接腐腐回家的時候

▲躺在睡窩裏面

　　因為是全家都是屁股臉的新人豬，我跟姆姆爸都開玩笑叫牠練習生，目前只知道是個到新環境很自在的小孩，剛到家就腰果躺、腳開開，是個不用教但自己會使用便盆的天使小豬豬，但對討厭的人事物會噴氣，例如：霞霞、蒙蒙、醫生……

　　總之，牠是屁股臉家最新的練習生——毛豆腐，暱稱腐腐，請大家多多指教！

▲當姆姆媽的花冠模特兒

和毛豆腐相遇的故事 — 姆姆爸預判姆姆媽的先斬後奏

整理照片時

為這本書取材中

嗯…不出我所料很順利的錄取接回來了

關於天竺鼠使用便盆的小故事

尿在滾

喔!?

尿意來襲

嘿咻～

嘩啦

嘩啦

嘩啦

衝啊 Pui !!

我沒有會用便盆的妹妹!

天竺鼠的恥辱!

毛豆腐居然會用便盆!!

太優秀了!

天啊!!

天使豬啊!

我氣啦 超騷虧

大家快看! 是叛徒!

我們天竺鼠的臉都被妳丟光了!

本書參考資料

天竺鼠 x 菜鳥獸醫
https://www.facebook.com/chodvm/

HanHan's寵物窩──天竺鼠、兔子飼養資訊
https://hanhan.xxking.com/

天竺鼠樂園
https://guineapigparadise.com/

天竺鼠爆米花爾滋
https://guineapigpopcorn.com/

Guinea Dad
https://guineadad.com/

天竺鼠同好會2.0 * Asia Guinea Pigs Fan Club *
https://www.facebook.com/groups/agpfc/

寵物先生與小姐的天竺鼠人生
https://smallpet51.com/

國家圖書館出版品預行編目資料

快樂天竺鼠完全飼育指南 / 姆姆媽著 ; 姆姆爸繪圖
-- 初版 . -- 臺中市 : 晨星出版有限公司 , 2023.02
208 面 ; 16×22.5 公分 . -- (寵物館 ; 111)

ISBN 978-626-320-350-1(平裝)

1.CST: 天竺鼠 2.CST: 寵物飼養

437.39   111020282

寵物館 111

快樂天竺鼠完全飼育指南
從飼養方法到照護指引，最完整的全方位圖解小百科

作者	姆姆媽
繪者	姆姆爸
編輯	余順琪
特約編輯	廖冠濱
美術編輯	陳佩幸
封面設計	高鍾琪

掃瞄 QRcode，
填寫線上回函！

創辦人	陳銘民
發行所	晨星出版有限公司
	407 台中市西屯區工業 30 路 1 號 1 樓
	TEL：(04) 23595820　FAX：(04) 23550581
	E-mail：service-taipei@morningstar.com.tw
	http://star.morningstar.com.tw
	行政院新聞局局版台業字第 2500 號
法律顧問	陳思成律師
初版	西元 2023 年 02 月 15 日

讀者服務專線	TEL：(02) 23672044 /（04）23595819#212
讀者傳真專線	FAX：(02) 23635741/（04）23595493
讀者專用信箱	service@morningstar.com.tw
網路書店	http://www.morningstar.com.tw
郵政劃撥	15060393（知己圖書股份有限公司）

印刷	上好印刷股份有限公司

定價399元
ISBN 978-626-320-350-1

Published by Morning Star Publishing Inc.
Printed in Taiwan
A11 rights reserved.

| 最新、最快、最實用的第一手資訊都在這裡 |